徐风汉韵

徐派园林文化图典

种宁利 刘禹彤 言华 董彬 ——编著
秦飞 郭海林 武利华 周旭 ——编审

中国林业出版社
China Forestry Publishing House

图书在版编目(CIP)数据

徐风汉韵·徐派园林文化图典 / 种宁利等编著. -- 北京：中国林业出版社，2020.2
ISBN 978-7-5219-0520-5

Ⅰ. ①徐… Ⅱ. ①种… Ⅲ. ①古典园林—介绍—徐州 Ⅳ. ①K928.73

中国版本图书馆CIP数据核字（2020）第050131号

徐风汉韵·徐派园林文化图典

中国林业出版社·风景园林分社
责任编辑：何增明　王　全

出版	中国林业出版社（100009　北京市西城区德内大街刘海胡同7号）
	http://www.forestry.gov.cn/lycb.html　　电话：（010）83143517　83143632
发行	中国林业出版社
印刷	北京博海升彩色印刷有限公司
版次	2020年6月第1版
印次	2020年6月第1次印刷
开本	787mm×1092mm　1/16
印张	13
字数	260千字
定价	198.00元

未经许可，不得以任何方式复制或抄袭本书的部分或全部内容。

版权所有　　侵权必究

徐风汉韵·徐派园林文化图典
编著委员会

特别顾问
赵立群　徐州市人民政府副市长

顾　问
罗　扬　中国建筑与园林艺术委员会会长
林留根　南京博物院二级研究员、江苏省考古研究所所长
陈　刚　徐州市人民政府副秘书长
朱存明　中国汉画学会副会长、江苏师范大学教授
孔令远　重庆师范大学教授、国家考古发掘领队
李国新　浙江农林大学文化学院副教授、浙江农林大学汉画造型语言研究所所长

主　任
仇玲柱

副主任
张元玲　肖　蕊　方成伟　单春生

编　审
秦　飞　郭海林　武利华　周　旭

编　著
种宁利　刘禹彤　言　华　董　彬

成　员
仇玲柱　张元玲　肖　蕊　方成伟　傅正兵　单春生　何付川　刘景元　王立东
王友亮　魏训剑　孙昌举　秦　飞　郭海林　武利华　种宁利　刘禹彤　言　华
董　彬　周　旭　徐建国　仇　媛　李旭冉　刘晓露　邵桂芳　余　瑛　刘小萌
姚国强　琚　妍　薛国强

序一

　　人类文化的发展是靠世代传承、积累起来的，每个时代的人应视为天职来承担和完成。然而，随着全球化进程的快速发展，异域的、"快餐文化"冲击越来越强，乡土文化正面临着前所未有的危机，我们城市的文化个性在渐渐丧失，"千城一面"正成为城市建设的重大挑战。解决之道，园林当勇担主角。这是因为，园林从它诞生之日起，就在生态之上植入了文化的功能，成为艺术的作品。

　　园林植根于地域文化，地域文化必须要通过具体的文化形态表现出来，才能为大众所理解。但是，在园林建设市场化形势下，以中国地域之广大、文化之丰富，要园林设计师，特别是新到一地的园林设计师对当地的地域文化有深刻的了解和掌握，无疑是一件很困难的事情，如果有一部当地的、可为园林设计所参考的地域文化方面的工具书，将是再好不过的。徐州市徐派园林研究院组织编著的这部《徐风汉韵·徐派园林文化图典》，在这个方面做出了一个很好的尝试，是很值得鼓励的。

　　《尚书·夏书·禹贡》记曰："海、岱及淮惟徐州。"这个地处淮河和黄河之间的广大区域，是两汉文化的发源地之一，在中华文化历史长河中占有重要地位。郭沫若先生在《两周金文辞大系图录考释》和《殷周青铜器铭文研究》中指出，中国文化有南北二系，徐楚正为南系中心，并对吴越文化产生了直接的影响。得发达的经济文化之佑，徐地或徐人的园林营造活动源远流长，早在春秋战国时期已经有了大量"台""囿"等早期园林形态；到秦汉时期，除王家"囿苑"外，大量汉画像还让我们知道了众多汉代民间园林的情形。这些画像中园林景观或景物情节细致清晰，有反映整个园林全貌的图像，更多的是对建筑、植物和山水的刻画。特别是这一时期的建筑出现了重大的发展，其支撑结构斗栱的发展，创造出了悬空支撑的高榭和斜向悬空支撑的"悬水榭"；屋面与屋脊既有平直的，也有多种角度的翘起乃至反翘，形态丰富，使得原来坚硬的屋脊呈现丰富的变化；在屋脊上使用鸟、鱼等形状的装饰，强化了建筑的文化意义；如此等等，在中国南北各个地方园林发展史上，可谓独具一脉，自成一派。

　　2019年5月15日，国家主席习近平在国家会议中心出席亚洲文明对话大会开幕式，并发表题为《深化文明交流互鉴 共建亚洲命运共同体》的主旨演讲，指出："璀璨的亚洲文明，为世界文明发展史书写了浓墨重彩的篇章。""在数千年发展历程中，亚洲人民创造了辉煌的文明成果。《诗经》《论语》《塔木德》《一千零一夜》《梨俱吠陀》《源氏物语》等名篇经典，楔形文字、地图、玻璃、阿拉伯数字、造纸术、印刷术等发明创造，长城、麦加大清真寺、泰姬陵、吴哥窟等恢宏建筑……都是人类文明的宝贵财富。各种文明在这片土地上交相辉映，谱写了亚洲文明发展史诗。"还指出："文明因多样而交流，因交流而互鉴，因互鉴而发展。""中华文明是亚洲文明的重要组成部分。自古以来，中华文明在继承创新中不断发展，在应时处变中不断升华，积淀着中华民族最深沉的精神追求，是中华民族生生不息、发展壮大的丰厚滋养。中国的造纸术、火药、印刷术、指南针、天文历法、哲学思想、民本理念等在世界上影响深远，有力推动了人类文明发展进程。"

由此，还要强调一点，《徐风汉韵·徐派园林文化图典》这本书的内容，不仅对于今天园林建设"古为今用"具有现实作用，还丰富了我国的园林史学，对中国园林落实习近平总书记"要讲清楚中华优秀传统文化的历史渊源、发展脉络、基本走向，讲清楚中华文化的独特创造、价值理念、鲜明特色，增强文化自信和价值观自信"的要求，具有重要的意义。这是我愿意推荐这本书的两个基本的考虑。

是为序。

原住房和城乡建设部副部长　姚兵

2019年11月12日

徐州是介于苏鲁豫皖之间的一块文化发育壮大成熟的美丽城池。近年，它成为中国第一批被命名的生态园林城市，受到国内外的关注。其实，在改革开放之初，徐州由于经济发展并不起眼，还是个不太受关注的地方。这个巨大的改变完全是徐州人民在市领导的带动下，勤奋努力的建设成果。我虽然对这个城市认识并不太深刻，但是这些不断传来的、日新月异的城市进步，实在地振奋着国人。可以说徐州城市园林的巨大正能量，是一个奇迹。徐州了不起。当把这本《徐风汉韵·徐派园林文化图典》的书稿送来时，我马上认识到让我写序实在是对我的信任和光荣。

大家都知道徐州的历史悠久，禹分九州时就有了徐州；秦汉时期楚汉相争，刘邦大汉一统天下，汉承秦制。西汉的创立和强盛，标志着中华大地文化的一统。

童年的我在父母的陪伴下曾小住徐州，这里的市井和云龙山的风致给我留下过深刻的记忆。不少名人出生在这块文化深厚的沃土。没想到改革开放的春风，让作为城市发展突破口的园林，在这里一发而不可收，成为一张重要的城市名片，让我这个"五岁彭城人"也荣光了许多。

习近平总书记指出："要讲清楚中华优秀传统文化的历史渊源、发展脉络、基本走向，讲清楚中华文化的独特创造、价值理念、鲜明特色，增强文化自信和价值观自信。"《徐风汉韵·徐派园林文化图典》以庞大的写作、整理和编著班子，出版这本颇有价值和信息量很大的工具书，让我也大开眼界。

园林从它诞生之日起，就伴生着强大的生态功能，并植入文化元素。从树木花草走向文化艺术，孕育奇葩。而以地域文化为底色的徐派园林基本特征更是鲜明之至。不仅从它的文化图典看可以称派，它的园林就近期发展的特征和思浪，也可以和苏杭、岭南、巴蜀相比，成为堂堂正正的风韵和流派。因此，我不仅同意和赞赏徐风徐派，汉韵汉典，而且我作为一个园林老人祝愿徐派园林永葆青春，走在中国的前列，一直走向世界。也祝愿徐人勇于争先的内心风骨，推动徐派园林需要更多徐州人才来支撑。其实，这不是序，是感悟，是祈祷。

以地域文化和乡土为根，以自然、大气、厚重、精致的徐风汉韵为魂。感谢为这个根与魂素描和帮衬的所有人。

国务院参事 刘秀晨

2019年10月30日

前言

鲁迅先生在1934年4月19日《致陈烟桥》的信中说："现在的文学也一样，有地方色彩的，倒容易成为世界的，即为别国所注意。打出世界上去，即于中国之活动有利"[①]。

党的十九大报告提出"要坚定文化自信""坚守中华文化立场，立足当代中国现实，结合当今时代条件，发展面向现代化、面向世界、面向未来的，民族的科学的大众的社会主义文化"。将现代化园林与传统文化、地域文化深度融合，形成丰富多彩、有地域特色文化意境的园林艺术作品，是新时代园林人的重要课题。

在徐州市住房和城乡建设局的领导和指导下，徐州市徐派园林研究院组织开展承载古徐国和古徐州地域的两汉文化的形器的收集与梳理研究，以期在园林建设活动中，为设计人员提供可资参考的优秀传统文化素材，本书即是这一工作的成果。

全书共分6章：第1章　古徐州的地域文化——徐文化。第2章　汉画像中的园林。第3章　汉画像中的建筑物。第4章　汉画像中的装饰与纹饰。第5章　汉画像中的叙事传说与祥瑞文化。第6章　汉代其他造型艺术。

本书具体编写人员分工如下：全书由仇玲柱提出撰著目标和原则，并对书稿进行终审；秦飞拟定全书结构、撰著各章章前文，并与周旭对全书统稿和编审；郭海林、武利华参加全书编审；第1章、第2章第2节、第4章、第5章、第6章由种宁利、刘禹彤撰著初稿；第2章第1节和第3节、第3章由言华、董彬撰著初稿；徐建国参加汉建筑、纹饰等资料收集；仇媛负责全书图片美编；李旭冉、刘晓露、邵桂芳、余瑛、刘小萌协助资料收集分类工作。

本书编写过程中，书中参考和引用了国内外相关科研资料、成果；并得到了徐州市住房和城乡建设局和中国建筑与园林艺术委员会的大力支持；徐州博物馆、徐州汉画像石艺术馆、江苏师范大学文学院、浙江农林大学汉画造型语言研究所、徐州市史志学会、南阳汉画馆、枣庄市博物馆、济宁市博物馆、临沂市博物馆、滕州汉画像石馆、淮北市博物馆、萧县博物馆、邹城市博物馆、金乡县博物馆、徐州张伯英艺术馆

[①]《鲁迅全集》第13卷书信第81页，人民文学出版社，2005年版。

等单位提供了大量资料和指导帮助。各位顾问和编著委员会委员审阅了书稿，并提出了十分有益的意见建议。中国林业出版社的编辑们就本书编辑、校对和出版等做了大量细致的工作。在此特向他们表示由衷的感谢。

古文化形器的收集、汉画像的图像识别与分类整理，是一件十分复杂的工作，阐释和认定说明更需深厚的文化等功底，全体编著人员虽然做了努力，但能力尚有不足，书中难免存在疏漏和欠妥之处，敬请读者批评指正。

编著者
2019年11月

目 录

序一

序二

前言

1 古徐州的地域文化——徐文化

形器 // 10

徐器纹饰 // 12

2 汉画像中的园林

园林形态 // 26

园林植物 // 34

山石与池沼湖泊 // 52

3 汉画像中的建筑物

阙 // 59

门楼、望楼 // 73

亭与厅堂 // 77

楼阁 // 92

榭 // 98

桥 // 104

斗栱 // 111

4 汉画像中的装饰与纹饰

装饰 // 122

纹饰 // 134

5 汉画像中的叙事传说与祥瑞文化

生活叙事 // 164

百戏 // 174

传说故事 // 177

祥瑞文化 // 179

6 汉代其他造形艺术

雕塑 // 185

铜镜 // 188

礼器、饰物 // 188

印章（封泥）// 196

其他 // 198

1 古徐州的地域文化——徐文化

1.1 古徐州及地域变迁

"徐州得名于徐方"[1]。《尚书·夏书·禹贡》记曰:"海、岱及淮惟徐州"(图1-1)。所谓方国,是人类社会早期的酋邦制原始国家。徐方即以徐族人为主的酋邦制国家,东夷的一部分。综观徐夷在夏朝末(公元前16世纪)到春秋(公元前524年)一千多年中,从部族迁徙到立国,从反抗周朝到依附楚国,其活动范围中心大多在今徐州市区、睢宁、邳州、滕县、郯城、泗洪、泗县一带(近年在邳州梁王城附近,九女墩一、二号墓出土编钟有"徐王之孙尊"铭文)。正如何光岳先生所指出的那样:"其实嵎、莱、和、徐、淮均为鸟夷的分支图腾名称,随着这些部族的迁徙,也把族名带到那里,便成为山川地名了。"州是水中陆地,是这毋庸置疑的,而"徐"正是徐夷留下的地名印记。"徐州"一词之后在《尚书·夏书·禹贡》中出现。《释名》载:"徐,舒也,土气舒缓也。其地东至海,北至岱,南及淮。"《吕氏春秋》云:"泗上为徐州,鲁也。"《尔雅·释地》有:"济东曰徐州。"

到春秋时期,禹划九州之徐州地域主要演变为徐、鲁、薛、藤、钟吾、郯、邾、莒、宋等诸侯国。战国时期,"楚东侵,广地至泗上"(西汉·司马迁《史记》)。秦汉时,《史记·货殖列传》:"自淮北沛、陈、汝南、南郡,此西楚也""彭城以东,东海、吴、广陵,此东楚也。"徐州逐渐成为了楚国属地。

汉武帝时,"徐州刺史部"为十三州部之一,地域范围南达长江、北到胶东半岛南部、西起古泗水流域、东抵大海(图1-2)[3]。东汉时稍有缩小,《后汉书·志·郡国》载:"徐州刺史部辖郡、国五(东海郡、广陵郡、琅邪国、彭城国、下邳国),县、邑、侯国六十二。"又载:"沛国秦泗水郡,高帝改。……鲁国秦薛郡,高后改。本属徐州,光武改属豫州。"

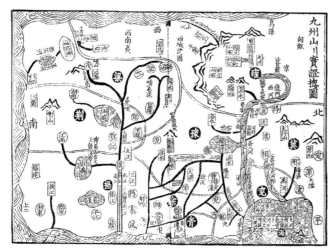
图1-1 九州山川实证总图（引自《禹贡山川地理图》）[2]

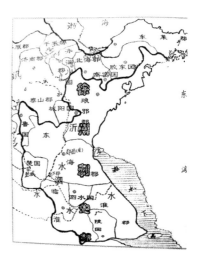
图1-2 西汉徐州刺史部图[3]

1.2 徐文化及其主要特征

徐文化是徐地的人们在实践中创造的物质（器物）文化、精神文化和制度文化的总和。物质（器物）文化主要体现在青铜器物方面。精神文化的主要特征是行仁重道、致力诚信，制度文化的主要特征是以德治国、礼乐纲常。

1.2.1 徐文化的考古发现

1.2.1.1 徐国都城考古

从大禹之孙仲康封若木于徐方，到商初立国，再到春秋末期（公元前512年）为吴所灭，徐王章禹率从臣奔楚，长达一千五六百年，其中成文史也有一千余年之久。但徐国的政治经济中心，即都城位于何处，长期以来一直莫衷一是，徐国本土一直没有发现徐国墓葬和徐器的情况，这一情况直到20世纪90年代才告结束。

1993年初，邳州市博物馆对戴庄乡梁王城九女墩三号墩进行了发掘；1995年夏，徐州博物馆、邳州博物馆对梁王城遗址进行了发掘；同年，南京博物院等对九女墩二号墩进行了发掘；1997年11月至12月，徐州博物馆、邳州博物馆对九女墩四号墩进行了发掘。2004年由南京博物院、徐州博物馆、邳州博物馆对遗址进行了第一次科学主动地发掘。发掘发现遗址地层堆积情况复杂，最厚处达6m，共分7层：第7、6层为新石器时代遗存，第5、4层为商周时期堆积，第3层为汉代地层，第2层为汉代以后地层。

新石器时代文化遗存主要是大汶口文化遗存，共清理出灰坑12个、墓葬10座。随葬品有玉、石、骨、陶鬹，其中陶器既有夹砂，又有泥质，更多见精巧的薄胎黑陶器。器形有盆、鼎、豆、罐、杯、鬶等。另外在遗址发掘中还清理出一批具有典型龙山文化的器物（如鸟首形足鼎、三足鼎等）和具有岳石文化特征的器物（如蘑菇形纽盖、弦纹豆、凸棱杯等）。

第5、4层为商周时期堆积，其中开口于5层下的灰坑有8座。灰坑与第5层共清理出卜骨、骨锄、石钱、石斧、陶鬲、陶鬹、小陶方鼎等。开口于第4层下的遗迹出土有铜鼎、陶罐、陶豆、陶鬲、玉块、铜剑、刀、戈、箭镞等。在第4层还清理出一件具有典型齐文化特征的半瓦当。

在商周时期地层，还发现有人造园景的遗迹，有一条长约10m、宽约1m用鹅卵石铺成的小径，小径两旁用奇形怪状的石块垒起高70~80cm的、类似现今园林中假山一般的造型，在其附近路面下方约1m处发现铺有陶制下水管道以及陶井圈。

距梁王城约1km的刘林遗址，是一处内容丰富的新石器至商周时代文化遗址。1958年冬，这里发现一座春秋战国时期贵族墓葬，出土了大量青铜器，大多已流失，征集到的有方壶、镂空方盖、西替壴、匜、衔、勺、镂空瓶、大鼎等。

2006年由南京博物院、徐州博物馆以及邳州博物馆对梁王城遗址进行了第二次抢救性发掘，发掘面积共计2100m²。发现大汶口文化时期的大型制陶作坊1座、窑址1座，西周时期的墓葬29座、马坑5座、牛坑1座、狗坑1座、猪坑1座，春秋战国时期的大型夯土台基和大型石础建筑，以及各个时期的灰坑、灰沟、水井、房址、灶坑等遗迹，出土了陶器、瓷器、石器、青铜器、玉器、骨器及琉璃器、铁盔甲、兵器、铁工具农具等共600余件，初步揭示出梁王城春秋战国古城的宫殿风貌。

这一系列发掘，连同20世纪80年代初在生产建设中遭到破坏的九女墩五号、六号墩，出土了大批带有铭文的徐国青铜编钟及其他青铜礼器等徐国文物，结合相关的文献记载和民间传说，推定九女墩大墓群为春秋晚期徐国王族墓群，梁王城与鹅鸭城遗址为春秋晚期徐国都城遗址[4][5]。

1.2.1.2 徐国青铜器

铜（铜合金）是人类历史上最早的冶炼金属，是古人技术发展到相当高度的产物，《周礼·考工记》里明确记载有制作不同形器的合金比例。中国自夏代开始进入了青铜时代，经夏、商、西周、春秋到战国、秦汉，每一时期都有着前后承袭的发展演变系统，青铜器代表了那个时期的经济、科技和文化水平。

古徐国经济发达，促进文化发展，文化发达。徐人发明了住房、舟船、弓箭等，但是，流传至今的实物主要是商周时期的青铜器。西周王朝"征东夷""征东国"多是迫使徐国进献的掠夺性战争，这在西周时期的许多青铜器铭文上都有文字记载。仅周穆王时期，就有15件青铜器的铭文中有和淮夷特别是徐国有关的战争记录。西周青铜器上金文中数次提到周朝伐淮夷"孚吉金"。"孚"意为获取、掠夺，"吉金"即优质的青铜器。徐国为淮夷部族中最大的、具有代表性的国家。

徐国青铜器无疑是古徐国文化的重要表现形式和载体，早在20世纪30年代，郭沫若先生在《两周金文辞大系考释·序》中，将中国古代青铜器划分为南北两系，提出"江淮流域诸国南系也，黄河流域北系也"，并认为"徐楚乃南系之中心"[6]。20世纪50年代以来，更多数量的徐国精美的青铜器出土，为我们见证那个时期的辉煌。

徐国青铜器出土区域广泛。初步统计，江苏邳州刘林出土方壶等15件、九女墩二号出土64件、三号出土222件；浙江绍兴出土17件，徐尹蠫鼎、徐王元子炉1件；安徽舒城出土一批；江西高安共出土钟镈类9件（其中1件为徐尹征城），觯3件（其中1件为徐王义楚觯）；江西靖安出土徐王义楚盥洗盘、徐令尹者旨（炉）盘各1件；湖北枝江、襄樊出土徐太子白鼎、徐王义楚之元剑各1件；山东费城出土徐子氽之鼎1件；江苏丹徒出土一批，重要的有钮钟7件，镈钟5件，甚六之妻鼎1件以及缶、矛等；山西侯马出土铜器一批，其中确认徐器的有庚儿鼎、沇儿钟各1件。此外，还有一批传世徐器等[4][5][7][8]。其中20世纪50年代前，考古资料记载有24件青铜器，主要是日常生活、家庭、兵器方面，如"沇儿钟""徐髂尹钲""义楚钟""徐王义楚铺""王孙遗者钟"都有铭文。其他还有"徐伯鬲"（殷）、"徐偃侯旨铭"（周）、"徐偃王壶""吏形兽尊仪"等，大部是徐夷晚期（春秋时代）的器物，由于战乱和时代久远，徐国鼎盛时期即西周的徐器目前还较少见。

徐器出土地区的广布，从一个侧面说明了徐人和徐文化的扩展和传播。

1.2.2 徐文化的源流

古文献和考古成果表明，在今江苏和安徽北部、山东南部、河南东部的淮河流域，有很多大汶口文化、龙山文化遗址，它们的文化面貌尽管各自具有一些特点，但总体的文化面貌是一致的。这一具有相同或相近文化内涵的新石器遗址的分布区域，与《禹贡》所说徐州的地理范围基本一致，即"海岱及淮惟徐州。"不能把黄河流域、长江流域的范围扩大到淮河流域来，在这个地区存在着一个或多个重要的原始文化[9][10]。"

从徐夷的形成、发展到壮大，以及徐夷的时期迁徙，到建立徐国，不难看出，徐国文化带有不同时代、不同迁徙地的逐渐积淀形成的特点。早期徐夷主要活动区域是在今河北燕山南麓到山东北部一带，围绕渔、猎生产形成其文化的源头。中期徐夷建国，徐国文化逐渐自成体系，其主要活动区域在今山东东南部和江苏北部一带，是淮夷中的主要部分。其文化高峰期，建立徐国。后期主要活动区域是淮河及长江中下游一带，其文化到吴越、楚及汉。

另一方面，古徐州之地上，先是尧封彭祖篯铿建立了大彭氏国，后有禹娶涂山氏女并大会诸侯于涂山，到东周时，又产生了另一个从中原东迁而来的古方国——吕国。战国时，彭城属宋，后归楚。楚汉时，西楚霸王项羽建都彭城。

可见，前秦时期古徐州的地域文化，是由当地徐人自我创造的文化和由彭祖篯铿、禹、吕人东迁、楚人北侵带来的中原文化和楚文化相互碰撞和融合而来。

1.2.3 徐文化的内在特质

行仁重道，致力诚信，以德治国，礼乐纲常又积极进取，是徐文化的精神特质。

行仁重道。《淮南子·人间训》称徐王"有道之君也，好行仁义。"《韩非子·五蠹》记载："徐偃王处汉东，地方五百里，行仁义，割地而朝者三十有六国。"《后汉书·列传·东夷列传》记曰："（穆王）乃使造父御以告楚，令伐徐，一日而至。于是楚文王大举兵而灭之。偃王仁而无权，不忍斗其人，故致于败。乃北走彭城武原县东山下，百姓随之者以万数，因名其山为徐山。"徐偃王的仁政实践较孔子（前551年—前479年）仁政理想早了五百年以上①。

"道"是中国古代哲学的重要范畴。徐人讲的"道"，则具体得多，如"有道之君""德行之道"等。在他们看来，天有道、地有道，人亦有道。"虚而无形谓之道，化育万物谓之德。"[11]《管子·四称》所记徐伯的言论可以看作徐文化里"道"的内容，"恒公善之"。徐伯为徐国的国君。穆王命徐子为伯，夏王命徐伯主淮夷，徐伯之称是袭旧号。徐伯的"四曰"内容广泛，有治国大道，也有处世之理，还有人伦大道，含仁、义、礼、智、信、忠、孝等，由此可见徐国文化的发达。

致力诚信。"信"和"诚"往往是连在一起的，信则诚，诚则信。《竹书记年》记载：徐诞朝拜周天子，"赐命为伯""乃分东方诸侯徐偃土主之"[12]，徐偃王以为天子分封，徐国可以高枕无忧，是以"信"而信人。于是，"外坠城池之显，内无戈甲之备"（东晋·葛洪《抱朴子》）。以至于"不知诈人之心""走死失国"。是诚信而放松警惕、

---

① 徐偃王的年代，《韩非子·五蠹》载为楚文王（？—公元前677年）时期，《淮南子·人间训》载为楚庄王（？—公元前591年）时期，《史记·秦本纪》《史记·赵世家》《衢州徐偃王庙碑》《元和郡县图志·徐县志》等文献则认为是周穆王（约前1054年—前949年）时期。近现代有学者提出徐偃王可能不是一个人而是一群人。徐海燕《徐国史影考述》判断徐偃王就是周穆王时期的徐国君主，也就是《今本竹书纪年》中提到的"徐子诞"。

不知戒备的典型例子，反证了"信"在徐国的分量，"信"已成为徐文化的重要组成部分。

以德治国。韩愈说徐国"处得地中，文德而治""以君国子民"（唐·韩愈《衢州徐偃王庙碑》）。可见"德"在徐国已被公认为统治思想，普遍推行而达到"治"。以致于齐恒公等诸侯纷纷效法。

礼乐纲常。"礼"是规范秩序的行为准则。《礼记·檀弓下》记载："邾娄考公之丧，徐君使容居来吊，曰：'寡君使容居坐含进侯玉，其使容居以含。'有司曰：'诸侯之来辱敝邑者，易则易，于则于，易于杂者未之有也。'容居对曰：'容居闻之：事君不敢忘其君，亦不敢遗其祖。昔我先君驹王西讨济于河，无所不用斯言也。容居，鲁人也，不敢忘其祖。'"容居说得堂而皇之，气理充足，显示了徐国的气魄，说明了徐国"礼"文化的发达。这一方面还可以从近代以来出土的文物看出端倪：徐器"沇儿钟"铭文就描述了一家几代人老幼有序、和睦相处的情形，即是"徐礼"在古徐州地区家庭中的体现；徐国都城遗址梁王城九女墩古墓群出土了19件青铜编钟，还有13枚青铜磬。钟与磬均为古徐国宫廷乐器。此外，徐州一带考古还发现有琴、瑟、陶埙。乐器的发展水平说明古徐州地区"礼"的发展程度。因为古代"礼""乐"往往是连在一起的，所谓"礼乐"者，"礼"需要"乐"，"乐"为"礼"而设，有"礼"有"乐"，四海升平，政通人和，才是"礼治"。出土有"乐"，朝纲有"礼"。当为不虚。

《庄子·外篇·达生》载孔子曾到徐地"观于吕梁"，又曾往沛问礼于老聃，门生中后世封号如"彭城公""下邳伯""徐城侯"等当来自徐地者。战国时孔学传人子思在时为宋都的彭城作《中庸》，亚圣孟子带领学生游历魏、齐、宋、鲁、滕、薛诸国多为徐地，从文化传承关系看，可以说，徐文化是鲁（儒）文化的源头，是地域文化上的上位文化。

另一方面，徐人并不盲从权威。如《今本竹书纪年》记载：成王二年，"奄人，徐人及淮夷入于邶以判"。又载："穆王十三年，徐戎侵洛。冬十月，造父御王入于宗周"[13]。《后汉书·列传·东夷列传》载："后徐夷僭号，乃率九夷以伐宗周，西至河上。穆王畏其方炽，乃分东方诸侯，命徐偃王主之。"《史记·鲁世家》载："伯禽即位之后，有管、蔡等反也，淮夷、徐戎亦并兴反"[14]。《周书·费誓》云："祖兹淮夷、徐戎并兴。"[15]徐人的这些西进、南下的活动，有力推动了徐文化的传播发展，将徐器铭文与西周和春秋时期的文字作比较，可以看出其端倪：秦朝统一文字是系统整理、继承前朝文化包括徐文化的结果。而大汉王朝的建立，"汉承秦制"，创造了汉隶，演变成现代汉字。汉文化吸收传承古徐文化，对当时和以后产生了广泛而深远的影响。

1.2.4 徐文化的外在形态

一是鸟图腾崇拜。

图腾是古人记载神的灵魂的载体，是本氏族的徽号或象征，是人类历史上最早的一种文化现象。具有号令族群、密切内部关系、维系社会组织和互相区别的职能。同时通过图腾标志，得到图腾的认同，受到图腾的保护。古代的氏族，因受自然灾害、部落战争以及物质资源等因素的影响，并非一成不变地永居一地，而是有时频繁地迁徙、有时缓慢地移动（当然不排除有部分成员留于故地）。但是，无论如何迁移，其图腾保持不变，否则，古老的部族将会被其他的部族所吞或融合。

徐族本嬴姓。是以鸟为图腾的部落，从今山东中东部、江苏北部一带大汶口文化、龙山文化（海岱文化）及偏南的青莲岗文化出土文物鸟形器及鸟形纹，都可以见证徐族的图腾是鸠形鸟、乌及凤的前身。《左传·昭公·昭公十七年》记："秋，郯子来朝，公与之宴。昭子问焉，曰：'少皞氏鸟名官，何故也？'郯子曰：'吾祖也，我知之。昔者黄帝氏以云纪，故为云师而云名；炎帝氏以火纪，故为火师而火名；共工氏以水纪，故为水师而水名；大皞氏以龙纪，故为龙师而龙名。我高祖少皞挚之立也，凤鸟适至，故纪于鸟，为鸟师而鸟名。'"顾颉刚先生的研究证明："嬴姓出于少皞，司马迁《秦本纪》独说为'帝颛顼之苗裔孙'，是他酷信中国的高级统治阶级全是黄帝、颛顼的子孙，少皞在这篇书里没有取得地位，因此，把少皞的子孙嫁接给颛顼了。"[16]

徐族原是东方少皞（少昊）氏鸟图腾族团中的一支，不仅有大量古文记载所证明，也有大量考古事实依据。整个大汶口文化，从早到晚，从苏北、鲁南、到胶东沿海，提供了愈来愈多的物证，坐实了鸟夷的神话传说。如山东兖州王因、江苏邳县大墩子等地大汶口文化遗址中，女性特别是成年女性口中往往含有一个直径约15~20mm的石球或陶球，这球一旦放入便不再取出，死后犹然。刘德增先生考证认为"这种含球习俗乃模拟吞玄鸟卵而生子，球象征鸟卵，含球乃祈子"[17]。山东莒县陵阳河大汶口文化遗址中编号为M11、M17的两墓出土的陶尊上有一种刻划符号，李学勤先生考证是一种用羽毛装饰的冠[18]。出土的器物中也多鸟状器，陶鬶即是其中之一，是龙山文化最具特色的器物之一。再如徐国编钟上，大多饰有浮雕羽翅式兽体卷曲纹，这种纹饰有一种强烈的律动感[19]。

二是崇精尚丽。

有徐地文化特征的远古器物——带有棘刺类密集的变形动物纹、几何印纹、陶纹特点的细密花纹，这些都是西周徐国青铜器的显著特征。如青铜器中的兽首鼎、无耳无肩盘、折肩鬲，陶器中的"淮式鬲"等证明，与同时代其他地区的器物相比在很多方面更具特色。徐国青铜盘上常见蟠蛇纹、绳纹与三角纹这3种纹饰组合。蟠蛇纹已图案化、模式化，锯齿纹与连珠纹的组合在徐国青铜尊上常见，龙首纹多饰鼎上。

特别是徐人在乐器（主要是编钟和石磬）的改进上，体现了徐人当时的先进文化。徐国编钟不但体积、音量适中，其造型也很优美，纹饰流畅清晰，而且大都经过仔细地调音锉磨，音质标准。徐国编钟类齐备，有镈钟，钮钟和甬钟。徐人对音乐的爱好不只表现在编钟上，还表现在其他乐器上。如《尚书·禹贡》中列举徐州贡物，特别提出"峄阳孤桐，泗滨浮磬"。徐人不仅拥有磬石产地，还具备高超的制磬工艺。徐国石磬较之中原石磬不但造型更加修长优美，而且音色也更加清越悠扬，堪称当时一绝[20]。此外，徐器的造型较之吴器亦更加秀丽精美，花纹装饰较之吴器也更加繁缛流畅。

1.3 徐人与徐文化的扩张

古徐之地，其气宽舒。优越的地理和气候环境，为古人类的定居与发展提供了良好的基础条件。据考古证实。早在1万年前石器时代，这里已有人类活动的踪迹。6500多年前，大汶口文化发轫。5000多年前，大汶口文化和良渚文化在这里实现了"文化两合"，而成为花厅古文化，社会形态也由"由原来的富人和平民两个阶层分裂为贵族、富人和平民三个阶层，并使花厅由简单社会向复杂社会变化。"[21]及至舜帝时期，一位称作大费（又称伯益）的人，帝舜"乃妻之姚姓之玉女。大费拜受，佐舜调驯鸟兽，鸟兽多驯服，是为柏翳。舜赐姓嬴氏①。"《史记·十二本纪·秦本纪》伯益部初居地在嬴（今山东莱芜市西北）。[22]伯益和禹原同为舜臣。禹夏建立后，禹划九州亦将此地域定为"徐州"。禹之孙仲康继位（约公元前2000年）封伯益二子若木于徐方，即今鲁苏之界处（郯城一带）建立徐国。历经夏、商，直至西周，仍为东夷集团中最大的国家，《韩非子》说其地域五百里。《诗经·大雅·常武》篇说"率彼淮浦，省此徐土。"虽然西周和徐王的战争频繁，但是周穆王仍封其子孙为子爵，此后，一直延续至吴王派孙武、伍子胥兴师伐徐，徐国被灭，前后共有44代君王、1649年。在这漫长的一千六百多年中，徐地之人——徐人亦在众嬴姓首领统率之下，有组织地逐渐南进、西迁[23]。《史记·十二本纪·秦本纪》载："自太戊（商朝第九任君主）以下，中衍之后，遂世有功，以佐殷国，故嬴姓多显，遂为诸侯。"徐与郯、萧、奄、葛、谭、费、江、黄、耿、弦、兹蒲、白、赵、梁、裴、复、寘、榖、秦皆同为嬴姓之

---

① 舜帝赐伯益为嬴姓，其实只是命他担任嬴姓部落的首长，并非嬴姓自伯益时才开始有。

国[24]。迁布中心地区是在今山东西部、河南南部、苏北、皖北，远及东北、河北、山东、陕西、甘肃及江淮等地[25]，成为华夏族的重要组成部分。郭沫若先生指出："春秋初年之江浙，殆犹徐土"[26]，蒙文通先生认为："徐戎久居淮域，地接中原，早通诸夏，渐习华风……徐衰而吴、越代兴，吴、越之霸业即徐戎之霸业，吴、越之版图亦徐戎之旧壤，自淮域至于东南百越之地，皆以此徐越瓯闽之族筚路蓝缕，胥渐开辟……"[27]等等，这些观点也由当今众多考古成果所证明[28-30]。

秦汉时期，项刘名为楚汉相争，其实是楚（徐）人内部的同族竞争，刘邦大汉王朝[31]一统天下，政治上"汉承秦制"，文化上"使楚风风行于南北"[32]，并给徐地儒学带来新的发展机遇，"西汉的创立和强盛标志着（中华大地文化统一）这一进程的基本完成"。

其后，从公元220年—222年间魏、蜀、吴三国分立起，经两晋南北朝，到公元580年—589年间北齐、北周和陈"后三国"被隋统一，前后近四百年，因受分裂对峙的疆域形势控制，徐地豪绅、士杰、民户的主动与被动迁出相当惊人。第一个高潮当为汉末淮泗流域的大族避乱江东，及其后孙吴集团南渡开创江南基业后随之南迁者（其中尤以淮泗集团为著[33]）。第二个高潮为东晋南朝。自西晋永嘉之乱起，经历东晋以迄刘宋末年，凡160余年，北民南迁更呈汹涌之势。其中原地徐州刺史部的江南侨州郡县就有南徐州、南彭城郡、南下邳郡、临淮郡、淮陵郡、堂邑郡、彭城、吕、武原、北凌、下邳、良城、朐、利城、祝其、厚丘、盱眙、海西、射阳、淮浦、淮阴、东阳、下相、司吾、徐、堂邑以及南泰山郡、南鲁郡、南东海郡、南琅琊郡、南东莞郡、南兰陵郡、兰陵郡、鲁、薛、郯、临沂、兰陵、东莞、莒等数十个[34]。大量徐民南渡，特别是在一些地点、地带与地域相对集中，侨流人口的数量甚至超过了原住民数量，不仅对当时以至后世的江南历史产生了多重的影响，而且从实质上讲，东晋及南朝的宋、齐、梁都是移民政权——东晋转换为刘宋，刘宋创始者为彭城刘裕，又兰陵萧道成禅宋建齐，兰陵萧衍禅齐建梁，宋、齐、梁三朝皇室，原籍也无一不属古徐州。东晋南朝的政治、军事核心地区在今南京、镇江等地，正是在优势的侨人文化作用下，告别了吴语，逐渐转变为间杂吴语的北方语言。特别是南迁移民中众多的宗室官僚、世家大族、文人学者，他们拥有相当的社会地位、经济实力、文化水平，对迁入地的文化成长发生持久的作用，使得江南地区的文学、书法、绘画、雕塑、音乐、园林以及思想等等面貌出新，极大丰富了江南文化的内涵，迅速提升了江南文化的层次[35]。

形器

古徐国的形器制作工艺水平极高、造型秀丽精美、花纹装饰繁缛流畅、风格秀丽典雅、独具一格。代表性的青铜器有徐王鼎、徐国编钟、铸儿钟等，陶器有新石器时代黑陶鬲柄杯、新石器时代彩陶钵、白陶鬶盉及汤家墩方彝等。

图1-3 徐王鼎（山东费县上台镇台子沟村出土）　　图1-4 徐王义楚盥洗盘及铭文拓片（江西清安出土）

图1-5 徐国令尹炉盘及铭文拓片（江西清安出土）　　图1-6 徐国编钟（邳州梁王城遗址出土）

图1-7　B型编钟（邳州九女墩三号出土）　　图1-8　B型镈钟（邳州九女墩三号出土）　　图1-9　Ⅲ式盘（邳州九女墩三号出土）

图1-10　徐国房屋模型（浙江绍兴出土）　　图1-11　新石器时代黑陶鬲柄杯（邳州梁王城遗址出土，江苏徐州博物馆）　　图1-12　新石器时代黑陶三足高柄杯（邳州大墩子遗址出土，江苏徐州博物馆）

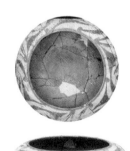

图1-13　新石器时代黑陶双系罐（邳州梁王城遗址出土，江苏徐州博物馆）　　图1-14　新石器时代彩陶钵（邳州大墩子遗址出土，江苏徐州博物馆）　　图1-15　新石器时代彩陶鼓（邳州大墩子遗址出土，江苏徐州博物馆）

图1-16 新石器时代白陶鬶（邳州梁王城遗址出土，江苏徐州博物馆）

图1-17 新石器时代陶豆（邳州大墩子遗址出土）

徐器纹饰

徐器纹饰图案大致为蝉纹、方彝纹（兽面纹）、龙纹、夔龙纹、窃曲纹、重环纹、云雷纹。

蝉纹

图1-18 变形蝉纹（山东枣庄徐楼出土M2:25腹）

图1-19 变形蝉纹（山东临沂刘家店子出土M1:33壶腹）

图1-20　变形蝉纹（河南新乡琉璃阁出土M75：311鼎腹）　　图1-21　变形蝉纹（山东沂源姑子坪出土M1：11罍腹）

方彝纹（兽面纹）

图1-22　方彝圈足正纹（1987年出土于周潭镇七井村汤家墩遗址）

图1-23　方彝腹部正纹（1987年出土于周潭镇七井村汤家墩遗址）

图1-24　方彝腹部侧纹（1987年出土于周潭镇七井村汤家墩遗址）

图1-25　方彝盖部侧纹（1987年出土于周潭镇七井村汤家墩遗址）

龙纹

图1-26　交龙纹（河南信阳平桥出土M1∶10盆）

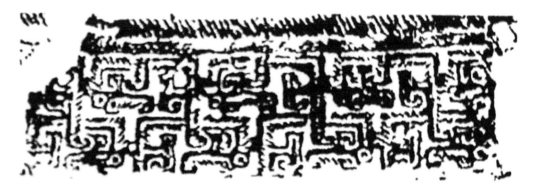

图1-27　交龙纹（山东莒南大店出土M1Ⅴ式车纹壴）

图1-28 交龙纹（山东邹城七家峪出土醽腹部纹）

图1-29 三角形变体龙纹（山东沂源姑子坪出土周代墓葬M1：1鼎腹部纹饰）

图1-30 三角形变体龙纹（1978年河南潢川出土白者君盘纹饰）

图1-31 三角形变体龙纹（山东寿县出土魏岗鼎腹部）

图1-32 三角形变体龙纹(山东沂水东河北墓出土鼎)

图1-33 三角形顾首龙纹(河南三门峡出土虢国M2011：330盆)

图1-34 三角形顾首龙纹(山东莒县西大庄出土M1：29軎辖)

图1-35 三角形顾首龙纹(安徽舒城河口出土曲柄盉上部盘)

图1-36 三角形顾首龙纹(河南潢川彭店春秋墓出土盘)

夔龙纹

图1-37 夔龙纹(山东枣庄小邾国出土M2：12簠折壁)

图1-38　夔纹（安徽宣城郎溪十字铺墓葬出土铜器，附耳平盖鼎）

图1-39　夔纹（安徽宣城郎溪十字铺墓葬出土铜器，立耳短扉鼎）

图1-40　兽首变体夔龙纹（山东沂水刘家店子出土M1：33壶腹部）

窃曲纹

图1-41 窃曲纹（河南光山出土黄君孟夫妇墓G2壶盖面纹饰）

图1-42 窃曲纹（1981年信阳明港钢铁厂出土壶盖面纹饰）

图1-43 窃曲纹（1972年扶风云塘一号窖藏出土伯公父盨盖顶纹饰）

图1-44 窃曲纹（安徽肥西出土小八里匜腹）

图1-45 窃曲纹（安徽芜湖繁昌出土0010窃曲纹球腹蹄足鼎）

图1-46 窃曲纹（安徽芜湖繁昌孙村出土墓葬窃曲纹球腹蹄足鼎）

图1-47 窃曲纹（安徽青阳汪村墓葬出土安博24789附耳窃曲纹鼎）

图1-48 窃曲纹（河南新郑出土祭祀坑T605K2：12簠腹部纹饰）

图1-49 勾连窃曲纹（山东临沂凤凰岭出土I式鼎腹）

图1-50 勾连窃曲纹（山东临朐泉头出土M甲：1鼎腹）

图1-51 勾连窃曲纹（1978年陕西扶风出土㝬簋口沿）

图1-52 四瓣目窃曲纹（山东枣庄小邾国出土M2：12簋）　　图1-53 四瓣目窃曲纹（山东滕州后荆沟出土M1：5簋）　　图1-54 四瓣目窃曲纹（山东临朐泉头出土M乙：8簋）

重环纹

图1-55 重环纹（山东莒县西大庄出土铜鼎M1：5）

图1-56 重环纹（安徽铜陵出土谢垅墓葬重环纹球腹蹄足鼎）

图1-57 重环纹（安徽芜湖繁昌汤家山出土重环纹球腹蹄足鼎）

云雷纹

图1-58 云雷纹（山东沂水东出土河北鬲）

参考文献

［1］刘起釪.《禹贡》江苏徐州地理丛考［C］//中华书局编辑部. 文史：第44辑. 北京：中华书局，1988，13-36.

［2］程大昌. 禹贡山川地理图［M］. 北京：中华书局，1985.

［3］谭骐湘. 中国历史地图集［M］. 北京：地图出版社，1982.

［4］孔令远. 春秋时期徐国都城遗址的发现与研究［J］. 东南文化，2003，（11）：39-42.

［5］南京博物院，江苏徐州博物馆，邳州博物馆. 邳州梁王城遗址2006—2007年考古发掘收获［J］. 东南文化，2008，（2）：24-28.

［6］郭沫若. 两周金文辞大系图录考释［M］. 北京：科学出版社，1957.

［7］万全文. 徐楚青铜文化比较研究论纲［J］. 东南文化，1993，（6）：26-33.

［8］孔令远. 徐国考古发现与研究［D］. 成都：四川大学，2002.

［9］苏秉琦. 略谈我国沿海地区的新石器时代考古［J］. 文物，1978，（3）：40-42.

［10］严文明. 东夷文化的探索［J］. 文物，1989，（9）：1-12.

[11] 房玄龄撰,刘绩补注,刘晓艺校点. 管子[M]. 上海: 上海古籍出版社, 2015.

[12] 范晔撰, 李贤等注. 后汉书[M]. 北京: 中华书局, 1973.

[13] 朱右曾辑, 王国维校补, 黄永年校点. 古本竹书纪年辑校·今本竹书纪年疏证[M]. 沈阳: 辽宁教育出版社, 1977.

[14] 司马迁. 史记[M]. 北京: 中华书局, 1982.

[15] 孔安国. 尚书正义[M]. 上海: 上海古籍出版社, 2007.

[16] 顾颉刚. 鸟夷族的图腾崇拜及其氏族集团的兴亡——周公东征史事考证四之七[J]. 史前研究, 2000, (0): 148-210.

[17] 刘德增. 鸟夷的考古发现[J]. 文史哲, 1997, (6): 85-90.

[18] 韩康信, 潘其风. 大墩子和王因新石器时代人类颌骨的异常变形[J]. 考古, 1980, (2): 185-191.

[19] 孔令远. 徐国青铜器群综合研究[J]. 考古学报, 2011, (3): 503-524+578-579.

[20] 孔令远. 徐文化渊源及特征初探探[J]. 南方文物, 2004, (1): 23-27.

[21] 黄建秋. 花厅墓地的人类学考察[J]. 东南文化, 2007, (3): 6-11.

[22] 杨东晨, 杨建国. 论伯益族的历史贡献和地位[J]. 中南民族学院学报(人文社会科学版), 2000, 20 (2): 60-65.

[23] 何汉文. 嬴秦人起源于东方和西迁情况初探[J]. 求索, 1981, (3): 137-147.

[24] 何光岳. 嬴姓诸国的源流与分布[J]. 信阳师范学院学报(哲学社会科学版), 1984, (3): 23-33.

[25] 杨东晨. 秦人秘史[M]. 西安: 陕西人民教育出版社, 1991.

[26] 郭沫若. 殷周青铜器铭文研究[M]. 北京: 人民出版社, 1954.

[27] 蒙文通. 古族甄微[M]. 成都: 巴蜀书社, 1993.

[28] 贺云翱. 徐国史研究综述[J]. 安徽史学, 1986, (6): 38-44.

[29] 曹锦炎. 春秋初期越为徐地说新证——从浙江有关徐偃王的遗迹谈起[J]. 浙江学刊, 1987, (1): 142-143.

[30] 池太宁. 徐偃王与台州徐偃王城考[J]. 台州学院学报, 2005, 27 (4): 10-13.

[31] 胡阿祥. 刘邦汉国号考原[J]. 史学月刊, 2001 (6): 57-62.

[32] 王清淮, 范垂娴. 汉代楚风索源[J]. 大连大学学报, 1991, 1 (2): 39-42, 24.

[33] 王令云. 试论孙吴时期淮泗集团的兴衰[D]. 郑州: 郑州大学, 2006.

[34] 胡阿祥. 魏晋南北朝时期江苏地域文化之分途异向演变述论[J]. 学海, 2011, (4): 173-184.

[35] 胡阿祥. 东晋南朝人口南迁之影响述论[C]//江苏省六朝史研究会. 六朝历史与吴文化转型高层论坛论文专辑·哲学与人文科学·中国古代史. 南京: 吴文化博览, 2007, 31-40.

［36］汪涛，张昌平. 记一组流传于海外的清人旧藏［J］. 南方文物，2014. 4：172.

［37］马永源，王子初. 中国音乐文物大系·上海卷、江苏卷［M］. 1996.

［38］邳州市委员会文史资料研究委员会. 邳州文史资料［M］. 邳州市委员会文史资料研究委员会出版. 1992.

［39］李世源. 古徐国小史［M］. 南京：南京大学出版社，1990.

［40］南京博物院，徐州博物馆，邳州博物馆. 梁王城遗址发掘报告史前卷［M］. 北京. 文物出版社. 2013.

［41］徐州博物馆. 古彭遗珍［M］. 北京. 国家图书馆出版社. 2011.

［42］张爱冰. 群舒文化研究［M］. 上海. 上海古籍出版社. 2018.

［43］孔令远. 徐国青铜器群综合研究［J］. 考古学报，2011，（4）：503-526.

［44］王郑华. 周代皖境三地历史文化论析［D］. 湖北：华中师范大学，2016.

［45］方国祥. 安徽枞阳出土一件青铜方彝［J］. 文物，1991，（6）：94-104.

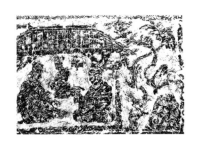

2 汉画像中的园林

园林是有机融入人类文化和艺术元素所形成的、体现了人的意志需求的特殊生态境域。

中国园林的早期形态，周维权先生在《中国古典园林史（第三版）》指出："囿和台是中国古典园林的两个源头，……'园圃'也应该是中国古典园林除囿、台之外的第三个源头"[1]。朱有玠先生在研究了"当人类社会尚未形成风景园林这类事物或概念之先，以萌芽形式出现的前身"，分为5种类型：一是岩栖——士大夫山水园林的滥觞，二是名山大川——风景名胜区的肇始，三是台与囿的融合——宫苑园林的创始，四是起源于民间风俗形成的风景游乐地，五是由生产性园艺栽培转向观赏性栽培——在相当长的历史时期中，园林是生产园艺与观赏园艺的结合[2]。汪菊渊先生在《中国古代园林史》中从生产力发展过程和园林产生的必要条件等方面，分析了我国古代园林的最初形式，包括宅旁村旁绿地、黄帝悬圃、台、园、圃、囿等诸种起源说后认为，"中国园林是从殷商开始有的，而且是以囿的形式出现的。"否定了园林的其他起源方式[3]。

汪先生园林"囿"唯一起源说，无疑是最严格的。另一方面，"囿是繁殖和放养禽兽以供畋猎游乐的场所，……到了秦汉时候，囿演变为苑。"由古籍记载可知，先秦时期囿的主人为"王"。"王"者，君主也。即便秦王嬴政扫灭六国自称"始皇帝"，"皇帝"成为中国封建社会最高统治者专属称呼后的两千年多年中，也仍断续有被封土者，不论其地位为"国王"（实际叫"诸侯王"）亦或"郡王"，其政治名位和经济权利仍然高于最高级别的行政官员。"许多书中把中国古代园林划分为'皇家园林'和'私家园林'，这是不正确的，因为按照其属有性质来划分，'皇家园林'也属于'私家园林'"[4]。因此，从园林所有者的角度看，"囿源说"只回答了王（皇）家园林①

---

① 皇字首见于秦始皇会稽刻石，本义为"始王天下者"（《说文》）；之前的（区域）最高统治者被称为"王"，之后历朝亦有"封王"，故从园林史源的角度，皇家园林与王家园林应为同一类型。

的起源问题。相对于王（皇）家园林的"民间园林"——包括权臣、士绅、豪民等，（晋·葛洪《抱朴子·嘉遯》："普天率土，莫非臣民。"故称）——又是如何起源和演变发展的呢？现有的园林史显得较为匮乏，常常以"社会生产力得以发展，贵族、豪民们具备了大规模修建园林的条件，纷纷仿效皇室修建私园。"一言以蔽之，所举不过"袁广汉园""张骞园""梁冀园"数例①，只是大略地提到"传世和出土的汉画像石、画像砖中有许多是刻画住宅、宅园、庭园形象的"，并没有详细的论述。然大量出土于古徐州地区的汉画像，为我们打开了这扇窗户。

得古徐州地区经济文化发达之佑，特别是随着汉武帝"推恩令"的颁布推行，诸侯王分崩离析，大批"小微贵族"地主豪民得以产生，进入生产力高速发展阶段，为"民间园林"的产生和发展提供了基础。仅目前江苏徐州地区即发现并展出了一千多块汉画像石，这其中属刘氏宗室王侯墓葬等级的很少，大部分是出土于本地区权贵富豪的中小型墓室。在这数以千计描述他们生活的图像里，有众多的园林景观或景物，情节细致清晰，事例丰满明确，既有反映整个园林的全貌图像，更多的是对园林建筑、植物和山水的刻画。表1汇总了徐州、滕州、临沂3个市汉画像石馆展出的汉画像石中园林及园林景物的情况。

表1 徐州、滕州、临沂3市展出汉画像石中园林及园林景物统计表（2019.02）

项目		合计		徐州		滕州		临沂	
		数量（块）	占比（%）	数量（块）	占比（%）	数量（块）	占比（%）	数量（块）	占比（%）
展出数		1079	—	601	—	400	—	78	—
园林	小计	217	20.11	116	19.3	81	20.25	20	25.64
	植物	111	10.29	62	10.3	39	9.75	10	12.82
	建筑	78	7.23	43	7.2	28	7	7	8.97
	山水	28	2.59	11	1.8	14	3.5	3	3.85

2.1 园林的形态

从这些汉画像石中，我们可以清晰地看到，墓主人的不同，所刻画的园林形态，按规模和复杂程度，可以分为"庭""院""园""苑"4种[5][6]，这实质上是生活环境进步的过程。

庭。一般指堂室前的空地，是大门内主室与偏厢房之间的天井。在庭内植上树木，

---
① 也有学者将梁孝王刘武修建的"菟园（后人称做梁园）"列作"私家园林"，以园主"王"的身份，依本文释意，应归入王（皇）家园林。

或驯鸟养鱼，甚或置放景观大石，美化生活环境，提高生活情趣，借助自然景物、祥禽瑞兽与传说故事寓寄、表达自己的品行美德，寄托、表达自己的理想与追求，可见在汉代"庭"已经具有了民间园林的雏形。

院。是扩大了规模的庭，有栏杆或围墙维护遮挡的封闭空间。汉画像石上表现的院有小有大、形制不同，功能指向不同、所表达的内容也不同。可以进一步划分为宅院、别院、邸院和豪院，饲养鸟兽宠物、种植树木等，但主要功能还是用于生活，内容简单造成了功能简单，具有初步的游赏功能。

园。院落进一步扩大规模、增加游憩设施、丰富观赏内容，作为聚会宴客、休闲赏玩的主要场所，园林要素与功能完备。

苑。规模宏大，园内纳入自然山水，建筑恢宏壮观严整，动植物种类繁多，功能极为丰富，造园方式也从在庭院中对自然事物的简单植入组合演变为对自然的主动利用与效法。

2.2 园林场景与景物

汉画像石所反映的园林场景中，中国古典园林构成的四大基本要素："山、水、植物和建筑"不仅一应俱全，而且表现的形式多样，既有单要素的"特写"，更多的是多要素的组合，体现出一种"席卷天下，包举宇内"的宇宙观，"法天象地"的大尺度景观空间格局，其线条的粗壮有力和形体的热情奔放等特色，展现出震撼人心的气魄。

在调查的千余块画像石中，植物类画像占10.29%，种植方式有孤植、对植、列植等；树种丰富，依形态分有针叶类、阔叶类共40多种，从祭祀用的"社树"，到具有追求长寿和升仙愿望的"桃都树""寿木""柏树""连理树"等树木的形象，都具有深厚的文化内涵，表达了远古人类完成了对自然界树木由必然到自由的认识过程，和鸟图腾后裔对树木的崇敬，是人与自然和谐统一的充分例证。

建筑类画像占7.23%，类型涵盖门阙、厅堂、楼阁、亭榭、回廊、桥梁等，夯土台基支撑的高台建筑已经很少能看到，斗栱等木结构得到普遍的应用，为采用较小的木料建造较高、较大的屋身提供了技术条件。屋面形态亦十分丰富，悬山、硬山、歇山、攒尖等都有出现，屋脊形式从直线型、顶端起尖型到大弧度反翘型，形式多样，脊上装饰寓意深刻。

画像中的池沼通常以鱼来表示，虽然占比较小，仅占2.59%，但是建筑、植物与水集于一幅画像之中，更清晰明确地表达出了园林的意涵。

园林形态

庭

汉画像中"庭"的生活场景表明,庭院虽然狭小拘谨,但是在图像表达上常是小中见大,以局部喻示整体,明确地为我们揭示出汉朝时期人们在物质生活水平提高、生活富裕之后,饮酒抚琴闲憩之外,自然而然地转向追求优美环境和精神生活享受。

图2-1 庭中听琴图(江苏徐州铜山)

一块不完整的残石,一亭一树一鸟,亭内一人端坐抚琴,一人抱手聆听,汉人诗意美的环境追求跃然而出。

图2-2 亲鸟图(江苏徐州)

一处装饰漂亮的亭室,庭外一猴数鸟,或停于亭脊、或翔于天空、或引颈向着主人,安乐祥和。

2 汉画像中的园林　27

图2-3　休憩图（江苏徐州）

　　一座脊端高翘的小亭，亭檐下一二株柏树，亭脊数只飞鸟，亭中一对夫妇或友人，诗情画意又满满温馨。

图2-4　衙署闲憩图（江苏徐州）

　　高大的重檐双阙，里面一处斗栱奇巧、装饰华丽的厅室，室外两只小鸟，提示着这里是某官衙的闲憩之所。

图2-5　宴饮图（江苏徐州）

　　栌斗与斗栱叠摞使用的高大华丽的堂室，两侧对植两株与房脊齐高的大树，枝繁叶茂，遮阴栖鸟，倍增景色。

图2-6　娱乐图（江苏徐州）

　　栌斗与斗栱叠摞使用的高大华丽的堂室，檐下点植一株小树，加上脊上二鸟，以景抒怀，表现出对自然的小中见大的艺术效果。

图2-7 凤鸟连理图（江苏徐州）

庭中两株高大繁茂的连理木分植堂室两侧，呼应着室内男女两人的情感，这是通过园林植物的形象反映情感的又一方式。

图2-8 龙马图（江苏徐州邳州）

庭中一株主干粗壮、枝干虬曲的大树，上驻一只长尾凤鸟，空中二龙交舞，树旁一匹矫健骏马，奇妙的场景，把现实景物与梦想追求悄然融汇一起，展现了超越生活、大胆奔放的梦幻诉求。

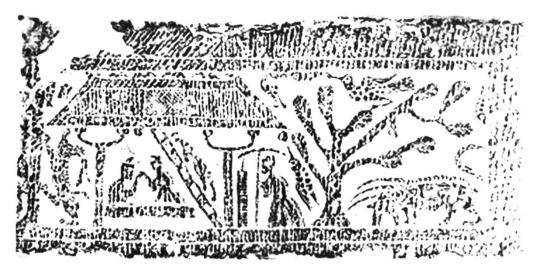

图2-9 大树奇兽图（江苏徐州睢宁）

庭中一株大树树干粗壮、枝叶丰满，树侧与树顶有大鸟飞翔猎食，侧后奔跃的虎身异兽与树下肩背上向前伸长着三根长刺的犀牛状的异兽，使挤满树鸟鱼虫的庭院披上神秘色彩。

院

"院"是有栏杆或围墙维护遮挡的封闭空间,比"庭"的容量、面积大了很多。虽然可以容纳更多鸟兽宠物、树木并置放山石等,但是主要功能还是用于日常生活,内容仍较单调,功能简单,但已经有了初步观赏游览的园林功能。

1 谒见图(江苏徐州铜山)　　　　　2 观赏图(江苏徐州邳州)

3 鸟舞图(江苏徐州铜山)　　　　　4 观鸟图(江苏徐州)

图2-10　宅院

四幅图像虽然刻画的场景、动物活动不同,但是图1~图3的院落均为两面筑起围墙,图4表现的是一座完全用宽厚结实的护栏高墙围起来的院子。图2中左侧还有一个铺首衔环喻示大门,上面有一只长颈大鸟,喻示这里是一处驯养鸟兽、供主人游玩观的专用小院。

1 宴饮图（江苏徐州）　　　　　　　　　　　　2 长袖舞图（江苏徐州沛县）

图2-11　别院

宴饮图刻画的是一组亭室别院，院内鹦鹉等珍禽盘旋低飞，野雉晾晒羽毛，山鸡捉对翻腾争斗，鹤雀伴侣呼唤相应。袖舞图从另一个角度刻画了一座别院：最下面一幅图像表达了院外的情形，中间一幅图像表达了院内厅室、动物等场景，最上面一幅图像刻画的是院子里的乐舞表演，全图像以从下到上，由外向内的分层引导方式表达了一幅完整的居家休闲娱乐场景。

这两幅图像揭示，狭小的以日常生活为重点的庭院，已不能满足人们更高质量休闲娱乐需求，一些家庭已经有意识建造专用圈养珍奇鸟兽以便观赏游乐的别院了。

武士家园图（江苏睢宁）

图2-12　邸院

图像下方一行车骑奔驰前来，主人家有一人在前导骑士的马前躬身行礼相迎。大院内长廊、厅室、阁楼渐次递进。右上方堆砌有假山。上部正中一格里有二人一树，如同今日工程图中局部大样表示方法，强调了一位青年武士抬臂引领着一位尊长前行；楼阁长廊显示了院子的深阔广大，人物形态表露了主人的身份，分散在各处的飞鸟走兽与绿树假山，使这处邸院具有了较好的游赏功能。

2 汉画像中的园林　31

1 庄园欢庆图（江苏徐州铜山）

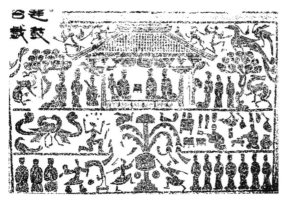

2 豪宅娱乐图（江苏徐州）　　　　　　3 深宅大院图（江苏徐州）

图2-13　豪院

　　庄园欢庆图表现的是一家豪绅庄园的局部，图左为一四周锦幔卷起的华室，图右似一纺织作坊，正中一株穗头低垂的稷，多样的人物活动场景，满院形态各异的鸟鱼猴兽，展示了庄园主的富足。豪宅娱乐图表现的是一处豪宅大院，华堂两侧栽植景观佳树，凤鸟、异兽围绕室外，一侧庖厨在烤炙丰盛的肉食，观舞的客人与众多侍立的侍从体现了现实的繁华。深宅大院图，数进院落层层递进，长廊水榭、绿树假山与鸟兽鱼池都显示了这类高楼大院的豪华壮观、深阔广大。

园

随着生活水平的提高，扩大院落规模、增加游憩设施、丰富观赏内容，作为聚会宴客、休闲赏玩的主要场所，就成为一种必然。相较于王（皇）家园林，民间园林仍是偏小，只是布置也更灵活。

图2-14 宴乐图（江苏徐州）

一处宽阔宏伟的亭室由正下方的斗栱和两侧斜梯支撑，凌空架于水面之上。斜梯近地面处刻着两条凸露半身的大鱼（寓示有鱼池），屋顶正脊上一只猴，其余空间里满布着凤凰与龙虎形异兽。可见这是一处汉代官员参照"台、囿、沼"模式建造的园林；而"沼"是用两条鱼表示，"囿"更是非常夸张的华美想象，并寓寄主人"公、侯到顶"的愿望。

图2-15 叉鱼图（江苏徐州）

图2-16 骑射图（江苏徐州）

叉鱼图图像下部，两条小船载着渔人在捉鱼；上部右侧是一处略显普通的栌斗亭室，一人坐于案几前，上部左侧下（亭室前）有人在演建鼓舞，上部左侧似两条猎犬。骑射图左边一悬水榭，榭下两条形体很大的鱼和多条稍小的鱼，右边一人骑于马上追猎前面的鹿。从这两幅图像上可以想见，这两处园林湖面深广，丛林茂盛，才会有这样的大鱼遨游、猎犬狩猎。

骑射图上从远处快速奔驰而来的骑士纵马张弓、追逐射猎前面亡命奔逃的大鹿；旁边猎犬在四顾搜寻猎物。左侧是用三级悬挑结构建造的深入水面上的悬空观景水榭，一人坐在水榭中观赏水中游鱼及四周风景，体验着地愈险、景愈佳的感受。而奇险的造型使悬水榭既是一处极佳的观景点，同时也成为一处极有特色的景观。下面深处遨游着大鱼的辽阔湖泊与可以纵马奔驰射猎的草原及密藏鹿狍等鸟兽猎物的山林，充分展现了一个完整独特的充满了自然气息的游猎苑林。

苑

汉代徐州民间园林，还有极少规模更宏大、流露着王室气息的"苑"，把园林从对自然景物模仿、植入，演变为对自然景物的结合与利用。

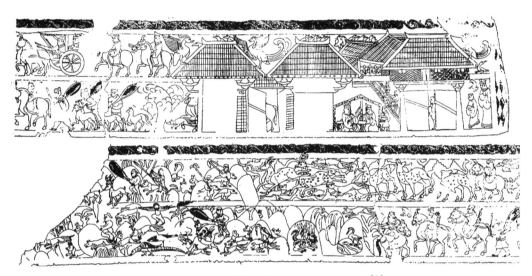

图2-17　汉代彭城相缪宇苑（江苏邳州）[7]

汉代彭城相缪宇苑长卷是一块不完整但仍超过4.6m长的超大型汉画图像，上面描述了主人在广阔的自然山林苑内狩猎的场景。院落毗连、楼宇重叠相望的房屋，二十多座连绵一片的群山，山溪汇成的池沼等。在这个规模宏大的苑林中，山峦、溪水、树木、兽禽都是天然生成，相较于庭院园林，少了一些人工雕琢，多了几分自然野趣。

图2-18　别墅式庄园全景图（江苏邳州）

别墅式庄园全景图从右上部略有残缺的图像一角整齐排列的马群和左侧楼阁前列队而行的文吏、武士，数进高低错落的亭阁堂室，图像右下位置湖面上停泊着一艘小船及一对鱼鹰，上方繁茂的树木及树下聚集的群鸟，都显示了这是一处场面宏大的权贵园林。

园林植物

汉画像中在门外、庭前、院后及郊外山野刻画表现了形态各异的大小树木与禾草，反映了当时人们对植物的选择与利用。

针叶树

汉画像中树木图案出现的针叶树，从形态看，属柏科（侧柏），不仅大多精致修剪，还常和凤鸟、玉璧等象征美好的祥瑞相搭配，具有明显的象征意义。

图2-19　玉璧柏树图（江苏徐州）

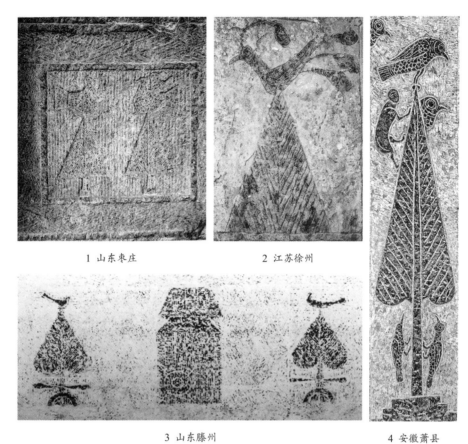

1 山东枣庄　　　　2 江苏徐州

3 山东滕州　　　　4 安徽萧县

图2-20　柏梢驻鸟图

室外两侧柏树的顶端是代表日、月的三足鸟与巨蟾的图像。

图2-21　柏树铺首图（江苏徐州）

图2-22　庭中柏树与日月图（江苏徐州）

1　江苏徐州　　　　　2　江苏徐州　　　　　3　江苏徐州

图2-23　庭中柏树与凤鸟图

1　山东金乡　　　　　2　山东金乡　　　　　3　江苏徐州

图2-24　高杆柏树与普通柏树图

图1的柏树树干与檐齐高，明显异于其他柏树，非常独特。

图2-25　柏树与羯羊图（江苏徐州）

2 汉画像中的园林　37

1 江苏徐州

2 山东滕州

图2-26　柏树与射鸟图

图2-27　银杏树（江苏徐州）

阔叶树

古徐州地区汉画像中阔叶树形态各异，反映了当时人们植物应用的多样性。

1 江苏徐州

2 江苏徐州

图2-28　虬干造型树图

2 汉画像中的园林　39

1 江苏徐州

2 江苏徐州　　　　　3 江苏徐州　　　　　4 江苏徐州

5 江苏徐州

6 江苏徐州　　　　　　　　　　　7 江苏徐州

图2-29　曲干造型树图

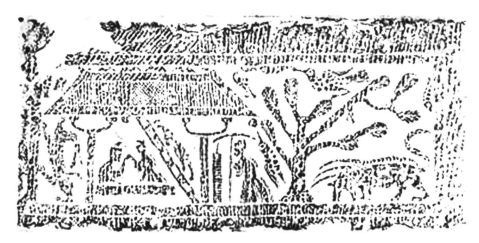

1 江苏徐州

2 江苏徐州

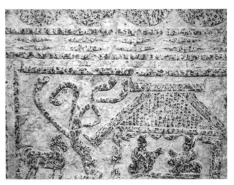

3 山东滕州

4 江苏徐州

图2-30 直干"Y"(开心)形冠树图

2 汉画像中的园林　41

1 江苏徐州

2 江苏徐州

3 江苏徐州

4 山东微山

5 安徽萧县

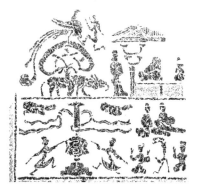

6 安徽萧县

7 山东滕州

图2-31　直干圆头（球形）冠树图

1 江苏徐州

2 江苏徐州

3 江苏徐州

图2-32 直干圆柱形冠树图

1 江苏徐州

2 江苏徐州

3 安徽萧县

4 山东滕州

5 山东曲阜[8]

图2-33 直干疏散分层形冠树图

2 汉画像中的园林　43

1 江苏徐州

2 江苏徐州

3 江苏徐州

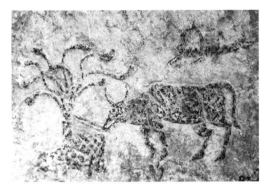

4 江苏徐州

5 江苏徐州

图2-34　直干伞形冠树图

江苏徐州

图2-35　直干倒伞形冠树图

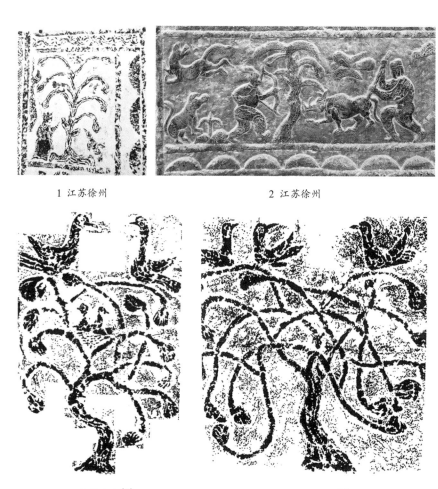

1 江苏徐州　　　　　　2 江苏徐州

3 安徽淮北[8]　　　　　4 安徽淮北[8]

5 山东滕州

图2-36　垂枝类树

2 汉画像中的园林　45

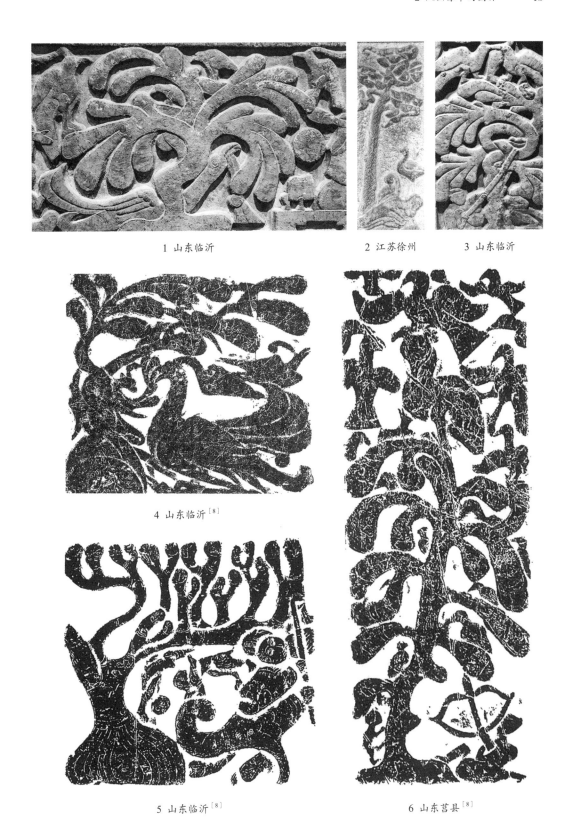

1 山东临沂　　　　　2 江苏徐州　3 山东临沂

4 山东临沂[8]

5 山东临沂[8]　　　　　6 山东莒县[8]

图2-37　革质叶类树

连理树

连理树或称连理木,是两株相邻的树在生长过程中枝干互相连接、交织成一体;也有两株树干曲绕一体、共同生长。连理树表达了阴阳合一、长生不死的愿望。

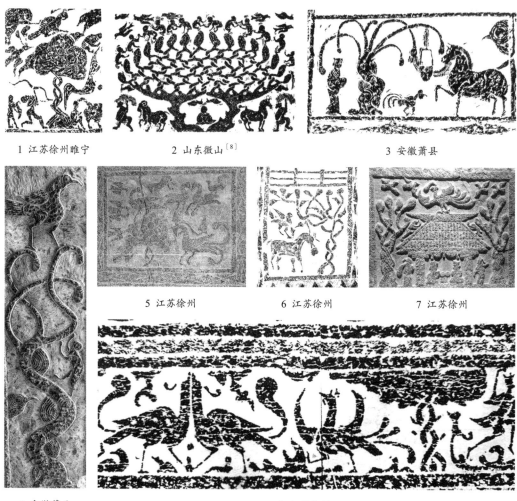

1 江苏徐州睢宁　　2 山东徽山[8]　　3 安徽萧县

5 江苏徐州　　6 江苏徐州　　7 江苏徐州

4 安徽萧县　　　　　　8 江苏徐州

图2-38　连理树

祥瑞树木、仙草、嘉禾

祥瑞树木、仙草和嘉禾的出现,表现了古人对自然界植物由必然到自由的认识过程,具有深厚的文化内涵。

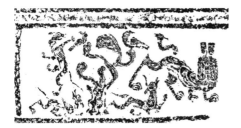

1 江苏徐州

2 江苏徐州

3 江苏徐州

4 江苏徐州

图2-39 三珠树与青鸟

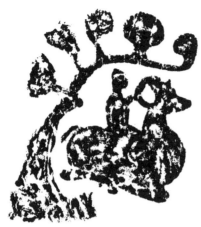

图2-40　三珠树与仙人骑羊（江苏徐州）　　图2-41　三珠树与神猴（江苏徐州）

图2-42　武士图（江苏徐州）

图2-43　神树珍禽图（山东滕州）

2 汉画像中的园林

1 神牛献（仙）草图　　　　2 嫦娥奔月图中，月宫里的仙草（江苏徐州）
　（江苏徐州）

3 仙草神兽图（江苏徐州）

4 九穗佳禾图（江苏徐州）

图2-44　仙草图

图3右方是瑞兽麒麟与仙草，中间是羽人持仙果，左侧是传说中的瑞草——箑脯。一对凤凰看护着一株巨大的九穗嘉禾，人食就可永生。

田野树木禾草

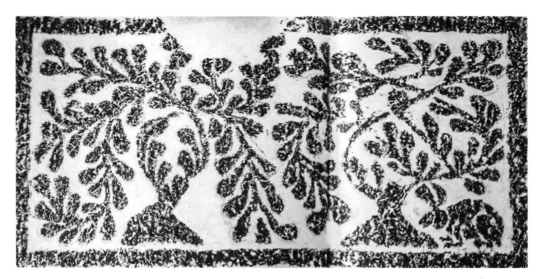

图2-45　桑树图（江苏徐州）

图2-46　出行图（江苏徐州）

图2-47 牛耕图（江苏徐州）

图2-48 汉代彭城相缪宇苑植物图（江苏徐州）[7]

图2-49 多干树图（江苏徐州）

山石与池沼湖泊

汉画像中,堂外庭中不只是佳树摇曳,还有玲珑大石增色,已足显园林雏形。

图2-50　庭中玲珑石（江苏徐州）

庭中一株佳木枝干弯曲交叉、枝叶婆娑,树下置放一块雕琢玲珑的景观大石,凸显主人对生活环境与生活情趣的追求。

图2-51　院中假山（江苏徐州）

图2-52　汉代彭城相缪宇苑山水图（江苏徐州）[7]

苑中山丘连绵,绿树林内藏走兽与水鸟。

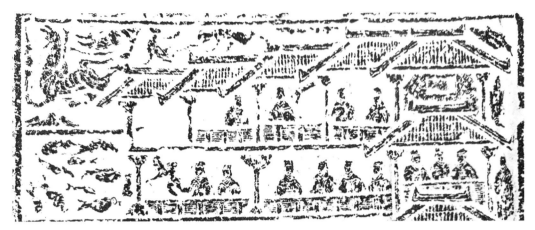

图2-53 院内鱼池（江苏徐州）

1 江苏徐州

2 江苏徐州

图2-54 园林湖泊（江苏徐州）

1 江苏徐州

2 江苏徐州

图2-55 榭下水沼

（续图）

3 山东微山

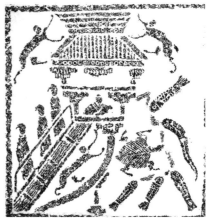

4 安徽萧县

5 山东邹城

6 山东滕州

图2-55 榭下水沼

参考文献

[1] 周维权. 中国古典园林史（第三版）[M]. 北京：清华大学出版社，2015.

[2] 朱有玠. 关于园林概念的形成、发展、性质及对美学的特殊功能问题的思考 [J]. 中国园林，1991，7（3）：28-32.

[3] 汪菊渊. 中国古代园林史 [M]. 北京：中国建筑工业出版社，2012.

[4] 姚亦锋. 探寻中国风景园林起源及生态特性 [J]. 首都师范大学学报（自然科学版），2001，22（4）：81-87，95.

[5] 周旭. 汉画像中的徐派园林解析 [J]. 园林，2019，（8）：

[6] 刘禹彤. 汉代彭城相缪宇苑范围解析 [J]. 园林，2019，（8）：

[7] 尤振尧，陈永清，周晓陆. 东汉彭城相缪宇墓 [J]. 文物，1984（08）：22-29.

[8] 李国新，杨蕴菁. 中国汉画造型艺术图典——建筑 [M]. 郑州. 大象出版社. 2014.

3 汉画像中的建筑物

汉代是中国古代建筑发展史上的一个高峰,建筑材料以砖、瓦、木、石为主,由于年代久远,至今没有发现一座汉代木结构建筑。但是,从汉墓、祠堂、汉画像石、画像砖、壁画、帛画及文献资料中可以得知,西汉仍盛行高台建筑,东汉高台建筑减少,到东汉高层建筑兴起,斗栱技术成熟,结构处理方式趋于完善,多层木结构建筑增加,建筑构件和建筑技术都有新的发展和创造。如阶基、柱础、构架(抬梁和穿斗)筒瓦和板瓦、瓦当,收分和卷杀。砖的种类多样化,如空心、长方、正方、三角、楔形。屋顶有歇山、悬山、硬山、攒尖、平顶、重檐、直脊、曲脊、起翘等,且色彩丰富,有朱红、黄、青、紫等彩绘。建筑的组合方式和庭院式布局基本定型。

江苏徐州及周边地区汉画像中的建筑图像,按时期包括西汉早期、西汉中期、西汉晚期、新莽至东汉早期、东汉中期和东汉晚期各个时期,对汉代建筑的形式、建筑组群布局等方面都有形象具体的刻画。其中,西汉早期属萌芽时期,目前出土的画像较少,主要有山东滕州(滨湖镇山头村)、邹城(香城镇龙水村、北宿镇谷堆村)等地的画像石椁墓。到西汉中期数量大大增加,建筑类型具体结构也开始呈现多样化,主要类型有门阙、厅堂、楼阁和桥梁等,出现了将双阙和厅堂或楼阁组合在一起表示庭院的图像。西汉晚期是汉画像石的鼎盛时期,分布地域有所扩大,画像题材和内容有了一定的选择性和寓意,主要建筑类型有门阙、厅堂、楼阁、桥梁和庭院等。受到中原地区影响,画像砖墓也逐渐发展起来。新莽到东汉早期,画像石椁墓逐渐衰落,画像石墓和画像石祠则大量出现,这一时期的建筑类型基本与上期一致,但各类建筑的数量和结构都有所增加。东汉中期,画像砖石墓葬及画像石祠分布区域进一步扩大,数量大幅增加,其中的建筑类型与结构也进一步丰富,新出现了建筑组合较为完整的庭院图。东汉晚期达到了顶峰,建筑类型与结构空前丰富。除了门、厅堂、楼阁、桥梁、亭榭和庭院之外,还出现了仓、市和作坊等建筑[1-16]。

特别是汉代标志性建筑汉阙、特异的斗栱叠落、形态优美多姿的屋脊，对中国两千年来古建筑传承发展具有奠基石的重要作用。而绝世无存的悬水榭，更体现了汉代（江苏徐州）高超的建筑智慧，是徐派园林建筑瑰宝中的瑰宝。

3.1 建筑类型及主要特点

3.1.1 门阙

门。从汉画像中可见到的门有单扇门、带单层檐或多重檐的双扇门，以及将阙与门结合在一起的阙门。部分图像的大门上有铺首，门槛两侧有门墩，中间有挡门石和用来连接门与门框的合页等结构。

阙。阙是汉代画像中出现数量最多的建筑图像之一。按组合形式分，有单阙、双阙、子母双阙等；按阙檐的层数分，有单层檐、双层檐和多层檐；按材料有木阙、砖阙、石阙；按能否登临分，有可登临和不可登临等。

3.1.2 堂室

汉画像中堂室类建筑为单层建筑，最主要的变化是屋檐的抬高及屋内构架的逐渐清晰，到新莽至东汉早期，厅堂立柱顶端出现了枋木和斗栱，从东汉中期开始，部分厅堂可见其屋内构架，顶部设气窗，显示出大量使用木构架的趋势[17]。

3.1.3 楼阁

汉代楼阁种类丰富，从功能分有望楼、戏楼、仓楼、门楼、乐楼、习阁等。从建筑形式看，楼阁建筑结构的变化最为丰富，从西汉中期开始，已经出现了斗栱结构；西汉晚期出现用立柱斗栱挑高屋檐的做法；新莽至东汉早期出现阁楼；东汉中期开始大量出现干栏式楼阁；东汉晚期楼阁可见转角斗栱结构。整个两汉时期，楼阁的屋身均可见上下层空间相同和上层小下层大的结构；还有一个变化就是与堂室类建筑一样，屋檐从东汉早期开始逐渐抬高[18-19]。

3.1.4 亭榭

亭榭有平地亭榭和悬水亭榭两类，多为四阿顶的木建筑结构，屋面与屋脊既有平直的，也有多种角度的翘起乃至反翘，形态丰富；支撑方式有单栱立柱支撑、重栱立柱支撑和用两侧楼梯向中心的拱力支撑等。主要特点是其支撑结构利用了斗栱的发展和创新，创造出了倾斜的高耸悬空木结构建筑[20]。

3.1.5 桥梁

桥梁有简支梁桥、连续梁桥、悬臂梁桥、拱桥和悬臂带拱桥等结构类型。西汉中期最早出现小型带小立柱支撑的拱桥，到西汉晚期出现小型裸拱桥、简支梁桥和小型悬臂梁桥；从新莽至东汉早期出现了大型用立柱斗栱支撑或不见支撑的拱桥、大型悬臂梁桥和廊桥；从东汉晚期开始出现了连续梁桥和悬臂带拱桥[21]。

另一方面，史书记载与汉画图像可以确定，汉代已有拱桥了。拱桥通过改变受力方向，即把原本荷载产生的弯矩转化为压应力来提高桥体使用功能，并丰富桥梁的外观形状。由于木材的特性限制，拱桥绝大多数是石材质的。汉画图像上可以看到石拱桥外形单一，主要是出现在传说故事中，日常生活与征战、娱乐等活动的场景描述中很难见到，故可确定石拱桥在汉代时期还处在很原始的形态。

3.2 特有建筑

3.2.1 汉阙

汉画像中的阙，从细柱加屋顶型阙，到棱柱式阙，再到阙顶、檐下及阙身的完整结构的阙，形式多样，数量众多，按照建筑艺术表现手法，大致可分为仿实造型和写意造型两大类。

仿实造型的阙像，阙的底座、阙身、阙楼、阙顶结构完整，表达清晰，其中的纹样以及周围的纹饰也都比较写实，细节表现的具体细致，画面饱满繁密，制作规范严谨、装饰精美，表现形式也更加浪漫。这无疑也体现了当时社会人们生活富足，思想自由，希望未来世界也能如此美好。

写意造型的阙像，其结构或是形式表达上有所简略，不拘泥于细部的刻画，只注重形体的简洁表达，不能看到详细的结构和装饰，甚至连一些构造结构也省略掉，只描绘出一个轮廓。

阙在汉代，除了可登临阙用以登高、瞭望、警戒的建筑功能外，更多的是在现实生活中置于大门或入口两侧，作为身份等级地位的象征。在汉图像中，还有象征冥界或仙界与现实世界的入口的意义，具体的意义可以通过画面的主题内容、题刻铭文或整个墓葬内图像组合配置决定[22,23]。

3.2.2 悬水榭

《尔雅·释宫》："无室曰榭。"又，"阁谓之台，有木者谓之榭"。晋·郭璞注："台上起屋。"清·郭懿行义疏："榭者，谓台上架木为屋，名之为榭。"在古建筑中原是指高台上没有墙壁、开敞通透的木结构建筑。

汉画像图表明，到东汉，随着高台建筑的消失，建于高台的榭已经移到了水际，且采用一种悬挑结构建造，从驳岸突出深入到水面之上，成为"悬水榭"，四面开敞，结构轻巧，以取得宽广的视野。有单侧楼梯直栱立柱支撑式、单侧楼梯斗栱支撑式、双侧楼梯斗栱立柱支撑式、双侧楼梯无斗栱立柱支撑式4类形式。

与先秦时期的台榭相比，悬水榭摆脱了对台的依赖，用简练的木构架斗栱多级悬挑延伸，将主体建筑高高托起，造成一种凌空飞跃的艺术效果，设计大胆，是木构建筑发展中的一大创新，这种下方支撑结构由实到虚的转变，表明中国古代大木作中斗栱、立柱结构在汉代已经成熟，是木结构建筑发展过程中一次巨大创新，是中国古典建筑史中瑰丽的成果。非常可惜的是自汉代以来至今近两千年里，悬水榭从世间消失后再也没有出现。

3.3 建筑技术

一是随着木结构斗栱、梁枋、立柱的发展，木构架的相对成熟，柱头斗栱（柱头铺作）、柱间斗栱（补间铺作）及转角斗栱（转角铺作）以及木构架中的抬梁式、穿斗式和井干式基本结构和技术的运用，使采用较小的木料建造较高、较大的屋身和挑高梁枋及屋檐提供了技术条件。

二是木结构支撑技术的发展，建筑基础支撑的结构化，使摆脱高大夯土台基成为可能。楼阁承重结构的通柱做法，表明汉代在建造高层建筑时，有了更多的增强整体稳固性的方法，这些技术的发展，使得汉代楼阁建筑面貌呈现出多样化的发展。

三是斗栱、梁枋等结构的出现，使得建筑整体稳定性加强，为摆脱密集支撑提供了技术保障，有效增加了建筑中心的空间。此外，从西汉中期开始，建筑图像中出现了拱桥形象，其所体现的也是木结构桥梁从密集桥桩支撑，到桥面悬空的双侧悬臂带拱桥的转变，这些都充分显示出汉代使用力学结构建造悬空建筑结构技术的水平。

四是屋脊形态，优美多姿，有平直脊、正脊平斜出脊、正脊起翘垂脊平直、正垂脊脊尾平尖翘、重脊脊尾反翘等众多形式，或阳刚大气，或阴柔娟秀，开后世之先风。

汉代建筑技术的这种发展和变化，使得在修建建筑时所需的人力、物力和财力等方面的耗费大幅减少，而随之改变的，是普通人的居住条件，体现出整个汉代社会发展水平的进步。

3.4 建筑文化

建筑具有物质与精神的双重属性，前者主要指具体的物质的使用功能，以及物质条件、物质手段等；后者则指建筑的精神功能。

汉代建筑文化，首先表现在外部形态上，"威加海内"思想造就了宏伟的气势，对建筑雄浑、大气和豪迈的品格之追求，体现了"大汉"的思想方式，建筑的群体讲究总体布局的均衡和体量大小的对比，具有明确中轴线的院落空间组合，重要建筑入口前大多设阙，形成了汉代建筑艺术追求壮丽的特殊气势和古拙风格。

除了一般层次的结构、造型等建筑形象的美的加工之外，广泛应用的建筑装饰、雕塑、绘画等技法，进一步渲染某种情绪氛围，或传达具有某种明显指向的精神意味，从而更强烈地感染或震撼人的心灵，表现了一种"天人合一"、整体灵动、浪漫进取的汉代精神。

汉代建筑文化的再一个特点是将建筑和自然的美感融合到一起，产生出宏大的气魄。

阙
......

《白虎通义》记："阙者，所以饰门别尊卑也。"阙是都城、宫殿、衙署、祠庙、陵墓等重要建筑或建筑群最前方入口处显示等级威仪的形制建筑，一般的官方建筑是单出阙，二出阙是在主阙旁有附属小阙，也称作子母阙，二千石以上的郡守或卿类级别的官员才可使用，三出阙是皇家专用。汉画像中常见的是单出阙与二出阙，还没发现三出阙。

阙的高度也随着等级变化，总体"以高为贵也"。阙有单檐、重檐不同形式，个别多重檐木阙及变异形态阙，艺术想象成分更多。两阙之间也常有建造楼阁、门廊连接的，汉书中称为"罘罳"。

阙的建造材料有木材、砖、石或砖木及砖石混用。早期也有堆土建阙，与砖木类阙一样容易损毁、难以留存，因而汉代石阙已成为现在可以看到的最早的古代建筑。

古徐州地区汉画像中的阙有单出单檐阙、单出重檐石阙、单出重檐木阙、单出重檐砖石阙、单出重檐砖木阙、二出单檐阙、单出单檐阙楼以及意象性的阙画像。

单出单檐阙

图3-1　单檐石阙（江苏徐州）

图3-2　单檐石阙（江苏徐州）

图3-3　单檐石阙（江苏徐州）

3 汉画像中的建筑物

图3-4 单檐石阙（江苏徐州）

图3-5 单檐石阙（江苏徐州）

图3-6 单檐石阙（江苏徐州）

图3-7 单檐石阙（江苏徐州）

图3-8 单檐砖木阙（山东邹城）

图3-9 单檐石阙（安徽萧县）

图3-10 单檐木阙（安徽萧县）

图3-11 单檐石阙（山东微山）

单出重檐石阙

重檐石阙的图像比较稀少,石阙高大厚重,实际上建造工艺要求很高,也不是普通官衙能轻易建造起来的。江苏徐州汉画像石上有两处在单出重檐石阙中间地面上刻画有石制门阑,用来阻挡车骑闯入,其中一处是官署,这样细致的描述极为罕见。

图3-12 重檐石阙(江苏徐州)

图3-13 重檐石阙(江苏徐州)

图3-14 重檐石阙(江苏徐州)

图3-15 重檐石阙(山东枣庄)

图3-16 重檐石阙(山东滕州)

单出重檐木阙

木阙在造型上选择空间更多些，相比于石阙更显清秀绮丽。

图3-17　重檐木阙（江苏徐州）

图3-18　重檐木阙（江苏徐州）

图3-19　重檐木阙（江苏徐州）　　图3-20　重檐木阙（江苏徐州）

图3-21 重檐木阙（江苏徐州）

图3-22 重檐木阙（江苏徐州）

图3-23 重檐木阙（山东微山）

图3-24 重檐木阙（山东邹城）

图3-25 重檐木阙（山东邹城）

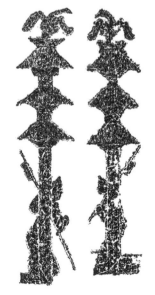
图3-26 多重檐木阙（山东邹城）

图3-27 重檐木阙（山东济宁）

图3-28 重檐木阙（江苏徐州）

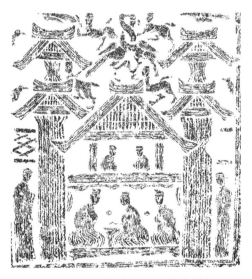
图3-29 重檐木阙（江苏徐州）

图3-30 重檐木阙（江苏徐州睢宁）

图3-31 重檐木阙（山东邹城）

图3-32 重檐木阙（山东邹城）

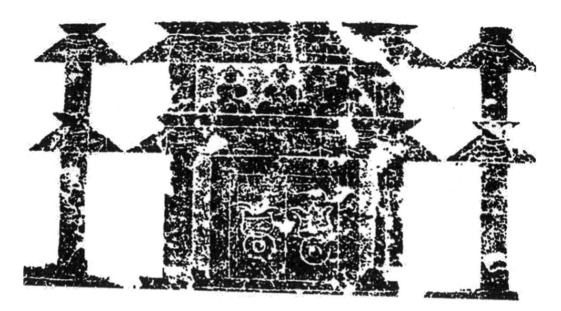

图3-33 重檐木阙（山东济宁）

图3-34 重檐木阙（山东滕州）

单出重檐砖石、砖木阙

图3-35 重檐砖石阙（安徽萧县）

图3-36 重檐砖石阙（江苏徐州）

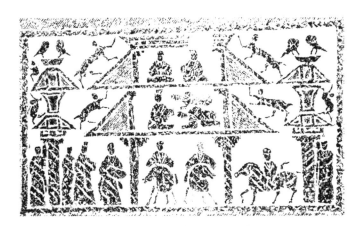

图3-37 重檐砖木阙（安徽萧县）

图3-38 重檐砖木阙（山东微山）

二出单檐阙

二出阙是一主阙附一小阙形式,又称子母阙,汉时只有地方上首要主官才能使用,以石质材料为主,形体较单出阙明显高大庄严。石质子母阙体量较重大,很少见到。双檐造型建造难度更大,至今罕见。

图3-39 子母单檐阙
（江苏徐州）

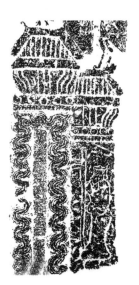

图3-40 子母单檐阙
（江苏徐州）

图3-41 子母单檐阙（安徽淮北）

3 汉画像中的建筑物　　69

图3-42　子母单檐阙（安徽淮北）

图3-43　子母单檐阙（山东临沂）

意象汉阙像

在众多的汉阙图像中有别于对真实的存在或稍加夸张想象的写实性描述、刻画，还出现了许多外形变异夸张、艺术风采浓郁的写意性的阙体与门楼图像，也留给人们更大的遐想空间。

图3-44 重檐石阙
（江苏徐州）

图3-45 多层高阙
（山东邹城）

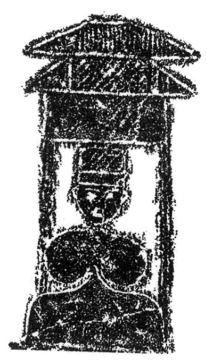

图3-46 重檐阙
（山东邹城）

图3-47 重檐阙
（山东临沂）

图3-48 重檐石阙
（山东临沂）

图3-49 三重檐凤阙
（山东临沂）

图3-50 连阙门楼（山东邹城）

图3-51 连阙门楼（山东邹城）

图3-52 连阙门楼（山东济宁）

图3-53　重檐木双阙（安徽淮北）

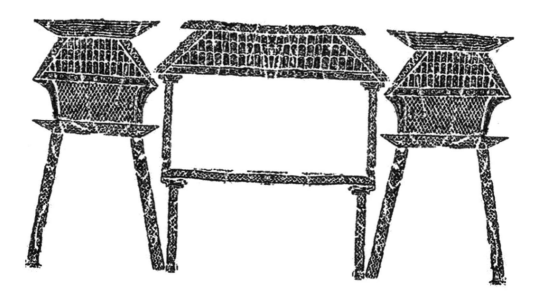

图3-54　连阙门楼（安徽淮北）

门楼、望楼

门楼主要用于眺望、防御,同时也是建筑等级的象征。古徐州地区汉画像中的门楼有连阙门楼、暗阁门楼、双层单檐门楼、双层重檐门楼、三层重檐门楼多种形式。

连阙门楼

图3-55 连阙门楼(江苏徐州)

图3-56 连阙门楼(山东微山)

图3-57 连门重檐阙(山东滕州)

暗阁门楼

图3-58 带阁楼的门楼（江苏徐州）

双层单檐门楼

图3-59 双层单檐门楼（江苏徐州）

二层的门楼栌斗深檐，大门半开也没有门吏守候，廊庑中秩序一致，气氛安静轻松，似为学舍。

图3-60 双层单檐门楼
（江苏徐州）

图3-61 双层单檐门楼（安徽萧县）

双层重檐门楼

官署形式的重檐门楼与双阙平齐，上下的门吏与武士对行进的官员躬身致礼。

图3-62 双层重檐门楼（山东邹城）

图3-63 双层重檐门楼（山东济宁）

三层重檐门楼

图3-64　三层重檐门楼（山东微山）

图3-65　三层重檐门楼（山东邹城）

望楼

图3-66　单出单檐阙楼（江苏徐州）

图3-67 单檐望楼（江苏徐州）

图3-68 单出重檐阙楼（江苏徐州白集）

亭与厅堂

亭

亭是一种中国传统建筑，源于周代。刘熙《释名》说："亭者，停也，人所停集也。"可见亭初始多建于路旁，后来官署、豪宅中也多建造简便适用的亭。亭一般为开敞性结构，四周没有围墙遮挡，形式多样，以遮阳避雨、暂时休息或观赏景色使用。汉代亭的形象较堂、楼类建筑通常要窄小些，规格较低，装饰很少，亭顶倒是与楼堂建筑形式基本一样，攒尖式顶极少。

汉代时期攒尖形式的亭顶极为罕见，都是四坡式顶，与厅堂的区别主要是建造规格稍低，木柱栌斗，通透少装饰且用途简单。古徐州地区汉画像中的亭根据屋脊外形有平直亭、正脊平斜出亭、脊尾平缓微翘亭、脊尾尖翘亭、斜脊、斜脊凹曲反翘亭、攒尖亭、火焰珠饰亭等类型。

亭还曾是一种官职。汉高祖皇帝刘邦就是徐州区域内的最基层吏员"亭长"，为官方车骑短期休息提供服务，也是亭长的职责。

1 山东邹城

2 江苏徐州

3 山东滕州

图3-69 平直脊亭

1 江苏徐州

图3-70 正脊平斜出亭

3 汉画像中的建筑物　79

（续图）

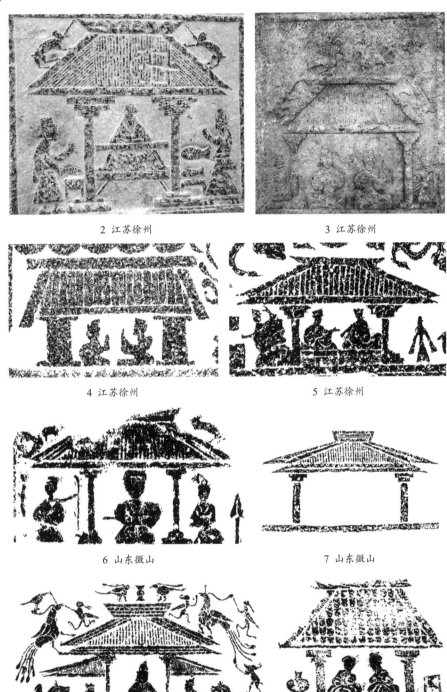

2 江苏徐州　　　　　　　3 江苏徐州

4 江苏徐州　　　　　　　5 江苏徐州

6 山东微山　　　　　　　7 山东微山

8 山东微山　　　　　　　9 安徽淮北

图3-70　正脊平斜出亭

（续图）

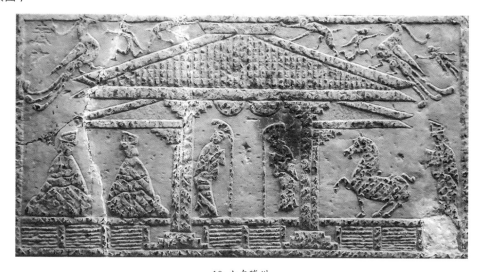

10 山东滕州

图3-70 正脊平斜出亭

1 江苏徐州

2 江苏徐州

3 江苏徐州

图3-71 脊尾平缓微翘亭

3 汉画像中的建筑物　81

1　江苏徐州

2　江苏徐州

3　江苏徐州

4　江苏徐州

5　江苏徐州

6　江苏徐州

图3-72　脊尾尖翘亭

（续图）

7 江苏徐州邳州　　　　　　　　8 江苏徐州邳州

图3-72　脊尾尖翘亭

1 安徽萧县　　　　　　2 江苏徐州铜山

3 江苏徐州

图3-73　斜脊凹曲反翘亭

3 汉画像中的建筑物　83

1 安徽萧县　　　　　　　　2 山东滕州

3 山东滕州

图3-74　火焰珠脊饰亭

厅堂

厅堂是人们室内活动的主要场所,空间比较高大,许多画像中的厅堂可以看到有台基,并设有台阶;大多使用斗栱架高屋顶,部分有帷幔类装饰围挡。厅堂的屋顶形态主要为四阿式,悬山等形式出现的很少。但屋脊变化众多,极具艺术性。

1 江苏徐州

2 山东金乡

3 山东微山

4 山东微山

图3-75 四阿平直脊屋顶厅堂

1 江苏徐州

2 江苏徐州睢宁

3 江苏徐州睢宁

4 江苏徐州睢宁

5 山东微山

图3-76 四阿正脊平斜出挑屋顶厅堂

1 江苏徐州

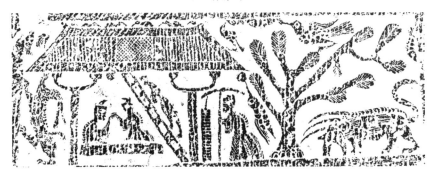

2 江苏徐州

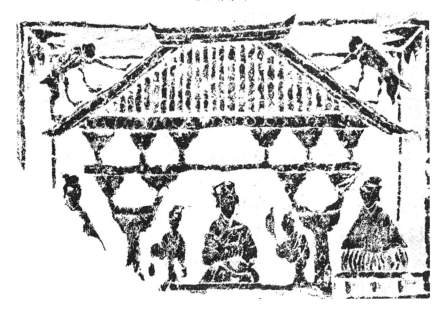

3 江苏徐州

图3-77 四阿正脊起翘垂脊平直厅堂

1 江苏徐州

2 江苏徐州

3 江苏徐州

4 江苏徐州

5 江苏徐州

图3-78 四阿垂脊平翘屋顶厅堂

（续图）

6 江苏徐州

7 江苏徐州

8 安徽淮北

9 江苏徐州

图3-78 四阿垂脊平翘屋顶厅堂

3 汉画像中的建筑物

1 江苏徐州

2 江苏徐州

3 江苏徐州

4 江苏徐州

5 江苏徐州

6 江苏徐州

图3-79　四阿垂脊尖翘屋顶厅堂

（续图）

7　江苏徐州

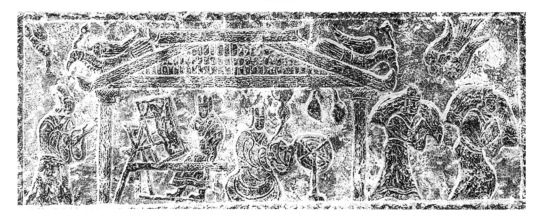

8　江苏徐州

9　山东枣庄

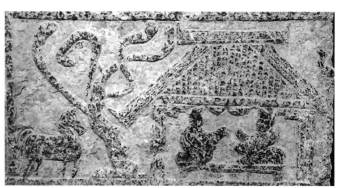

10　山东滕州

图3-79　四阿垂脊尖翘屋顶厅堂

1 江苏徐州

2 江苏徐州

3 安徽萧县

4 安徽宿州

图3-80 四阿斜脊反翘屋顶厅堂

1 江苏徐州

2 江苏徐州

3 江苏徐州

图3-81 仿攒尖式厅堂

图3-82 悬山式厅堂

楼阁

楼,《尔雅》:"狭而修曲曰楼",《说文》:"楼,重屋也。"汉画像中,通常四壁用华丽帷幔装饰。阁,一种架空的小楼,其中,底层大多数的情况下只是一层"支柱层"所形成的构造层,是一个没有封闭的空间,虽然形成了"层",却不能算作"室"。二层(及以上)四周设窗或栏杆回廊[27]。

西汉时期高台建筑逐渐消失,木结构楼阁开始普及。汉画像中的楼阁图像从简单到复杂,从平面到立体,建筑造型和结构形式变化多端。从结构看,平面大多采用方形或矩形,楼面结构采用井干式稳固原理,各层柱不相连属,各成独柱,上下层间的柱轴可以不对位,因而使楼阁所表现的外观形式非常富于变化。

古徐州地区汉画像中楼阁类型有单檐楼、重檐楼、变檐楼和阁4类。

单檐楼

1 江苏邳州

2 江苏徐州

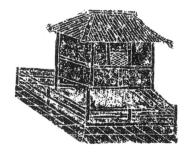

3 山东临沂

图3-83 单檐楼
仅在楼的顶层位置布置房檐

重檐楼

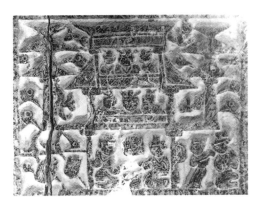
1 江苏徐州

3 山东济宁

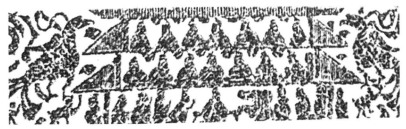
2 山东济宁　　　　　　　　4 安徽淮北

5 江苏徐州

图3-84　重檐楼

重檐木阙在楼后，主要表现高楼，采用剖面视图的表现方式（图1）。
重檐木阙连楼，图面空白简洁，形制是官署内建筑（图2）。

变檐楼

变檐楼体现在：粗柱平脊，柱顶栌斗的规格相对单檐楼、重檐楼的栌斗的规格略有变化。

1 安徽淮北

2 山东邹城

3 山东邹城

4 安徽宿州

5 山东临沂

图3-85 变檐楼

阁

1 江苏徐州

2 江苏徐州

3 江苏徐州

4 山东滕州

5 山东济宁

图3-86 阁

连廊楼阁、飞阁

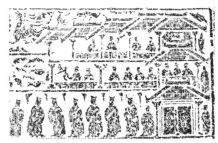

1 连廊楼阁图（江苏徐州）

2 廊庑楼阁（江苏徐州睢宁）

3 楼阁栉比图（江苏徐州）

4 楼阁连第图（江苏徐州）

5 楼阁连廊图（江苏徐州）

图3-87 连廊楼阁、飞阁

（续图）

6 楼阁连廊图（江苏徐州睢宁）

7 连廊楼阁（山东临沂）

图3-87 连廊楼阁、飞阁

高楼与廊庑相连，在每一层都能看到不同的景观（图1、2、5、6、7）。

廊庑次第升高，与楼阁相接，视野逐渐开阔，看汉代木柱斗栱拙朴厚重，雄浑大气（图2）。

连阙门廊处双门关闭，里面三进结构不同、用途不同的楼阁栉比相连，华丽壮观。

石阙后连绵五进楼阁与廊庑相连，楼阁建造趋之成熟（图3、4）。

两侧楼阁左边高大富于变化，右侧临水略感秀丽；两楼在二层用阁道连通，外观形态与建造技艺渐至高峰（图5）。

相似的连廊楼阁，只是位置移在三层，图面宏大壮观但细部刻画简略了些（图7）。

榭

榭,《尔雅》:"无室曰榭。"郭璞注:"榭,即今堂堭。"谓不隔房间的建筑。古徐州地区汉画像石中,有高台榭、架空高榭、临水榭、悬水榭以及层台累榭等几种。

高台榭

1 安徽宿州

2 安徽宿州

图3-88 高台榭

3 汉画像中的建筑物　99

架空高榭

1　江苏徐州汉王

2　江苏徐州铜山

3　安徽宿州

图3-89　架空高榭

　　四排木柱撑托起高台，台下有健硕武士持兵器护卫，双侧梯阶底部建设有小型阁楼，高榭内两方谈兴正起，两侧台阶上随从恭立。看形态是议事多于娱乐。这还是较早期的高台榭的状况（图1）。

　　高台榭图像把全场景表达出来了，整体还是太紧张粗糙（图3）。

水榭

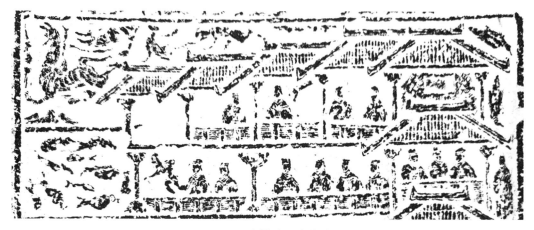

图3-90 水榭（江苏徐州）

双梯悬水榭

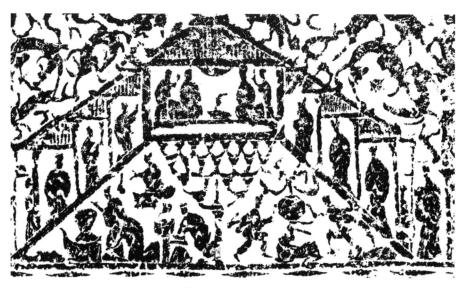

图3-91 双梯悬水榭（江苏徐州铜山茅村）

斗栱与栌斗多层叠摞，并与两侧楼梯共同支撑榭，两侧楼梯下的大鱼表示为水面，远处异兽奔驰，这是模仿皇家园林，合囿、沼、台于一体。

单梯悬水榭

图3-92 单梯悬水榭（江苏徐州）

左图底层木柱栌斗支撑，二级斗栱悬挑延伸承托。右图底层木柱栌斗支撑，四级斗栱悬挑延伸承托。

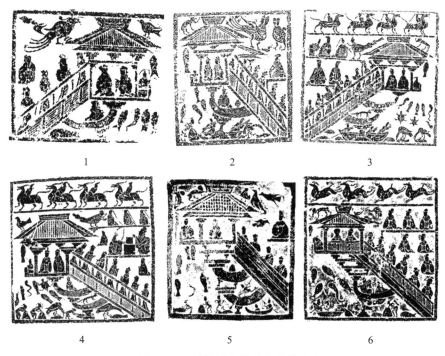

图3-93 单梯悬水榭（山东微山）

图1水中似木柱栌斗支撑粗大悬挑斜曲斗栱。图2形态相同，方向相反。图3升级增加到二级悬挑斜曲斗栱，粗大结实。图4与图3结构相同，方向相反。图5粗大斜曲斗栱上增加二级较纤细斗栱，悬挑更高。图6与图5基本相同的四级斗栱。

图3-94 单梯悬水榭（山东滕州）

左图底层水中木柱较高，柱头栌斗支撑，一级斜曲斗栱悬挑延伸承托。右图底层斜曲斗栱承托是木柱栌斗，有羽人表示水榭高险。

图3-95 单梯悬水榭（山东邹城）

左图底层水中木柱较高，柱头栌斗支撑，一级斜曲斗栱悬挑延伸承托。右图底层斗栱承托是木柱栌斗，栌斗且是二层相叠，水榭简化了仅只有屋顶。

图3-96 单梯悬水榭（安徽萧县）

斜曲斗栱特别大，承托上下，栌斗与水榭一体，两侧外伸的屋脊特别宽厚。但与有些人认为的悬山脊实际相差很远。

层台累榭

图3-97 层台累榭（江苏徐州）

斗栱支撑并错落升起，这大概就是层台累榭的形式了。

桥

秦汉时期的徐州区域内河流纵横、湖泊众多,为了生活与出行方便在河流上修建了很多桥梁,汉画像中就有约30幅桥梁图像,这些桥主要为中间跨河部分水平、两边有短跨倾斜连接岸桥的两坡式木制作梁桥及石制作筒式拱桥两种类型;不论是哪种桥梁都是为了达到桥上面可以使行人与车马通过,桥下面可以容船只通过。

无护栏三板桥

1 江苏徐州睢宁

2 江苏徐州

3 江苏徐州

4 江苏徐州

图3-98 无护栏三板桥

（续图）

5 安徽宿州

6 安徽宿州

图3-98 无护栏三板桥

梁桥是中国古代最早出现实际使用的桥，中间跨河水平承受弯矩的主梁是桥的关键部分，故此称作梁桥；为了保证桥的稳定性与提高使用功能，也常在桥下增设木柱或石柱支撑。木制梁桥构造比较简单、建造也方便，随后修护、更换毁损部件比较容易，因此汉代时期梁桥使用比较普遍。汉画图像中的梁桥有两侧没有安装护栏与安装了护栏两个类型。

图1、图2两坡式桥的上面两辆轺车从右向左驶过。水平主梁的两端都有木柱支撑，以现代受力的形式看是简支梁桥。

图4两坡式桥梁，桥上面安装有护栏，两边引桥斜坡面中竖立起形如华表的灯柱，水平主梁端部有立柱支撑，两边的斜坡面也各有支撑立柱，并用两根横枋连接木柱，使得整座桥梁更加坚实稳固。

图5此桥在主梁下中间部位又增加了一根木柱与护斗支撑；改变了水平主梁的受力结构。

图6此桥在两边引桥下各增加了立柱支撑，主梁部位下面不仅在梁中增添了一根立柱支撑，两端的支撑也分别增加了分叉支撑以保证桥面稳定。厚厚的桥面分为两层固定，或是石材建造的梁桥。

护栏三板桥

1 江苏徐州

2 江苏徐州睢宁

3 山东临沂

4 山东临沂

5 山东临沂

图3-99 护栏三板桥

（续图）

6　山东临沂

7　山东枣庄

图3-99　护栏三板桥

图1两面坡下用砖石砌筑到顶，桥梁下没有中间支撑，两端桥堍处的望柱换做了灯柱，柱顶的箱体雕饰成飞鸟，成为特色。从结构形式看，是简支梁桥。

图2两坡式梁桥的桥面两侧安设了细密的木制护栏，水平桥梁的两端竖立着雕绘纹饰的木柱，上方方形木箱留有两个圆孔，可能是用来照明的灯柱，桥梁下用一根立柱撑顶。

图3左端桥基处有一根灯柱，桥上木护栏疏阔坚实，桥梁下也用一根立柱支撑梁的中间部位。

图4梁桥两端地面桥基（堍）处竖立着有方形灯箱的灯柱，桥面上装设了护栏，引桥的斜坡下用石块齐整砌筑到水平桥梁下，中间砌筑石柱支撑在桥面下。史书记载："秦作渭桥以木为梁，汉作灞桥以石为梁。"从整体看这就是一座石制梁桥。

图5桥堍处灯柱顶是装饰成心状的三角形木灯箱，桥主梁两端下面有立柱支撑，为简支梁受力形式。

图6两端的桥堍处竖立的灯柱顶部有三角形灯箱，桥下立柱上硕大的栌斗托顶着木制桥梁的两端。应属简支梁桥。

图7残石图像可以看到，围护栏杆仅有扶手与望柱，缺少了中间的横枋；桥下仍然是立柱栌斗支撑主梁的端头。

连续梁桥

1 江苏徐州

2 江苏徐州

3 山东临沂

图3-100 连续梁桥

图1桥面外侧有木护栏，护栏两端的望柱变换为高高的灯柱，柱顶是叉形装饰。桥下三根木柱顶置放厚实的栌斗并承托宽大的曲拱，曲拱上的两散斗托架主梁，按受力形式为连续梁桥。

图2一块残石图像，桥堍灯柱上部雕绘装饰如华表，桥下宽大的斗栱提示这也是一座跨度比较大的两坡式连续梁桥。

图3桥下木柱底部粗、顶部细、有收分，厚实的栌斗与宽大的曲拱散斗托架主梁，桥堍灯柱顶部的心形灯箱显示了明确的地方特色。

悬臂梁桥

1 山东临沂

2 山东日照

3 山东济宁

4 江苏徐州

图3-101 悬臂梁桥

图1两面坡桥，桥下没有任何立柱支撑，是悬臂梁桥。桥堍处灯柱顶部的心形箱体地区特色鲜明。

图2两面坡高桥，相同的悬臂受力形式。

图3残图中看不到桥下有任何支撑，也是悬臂梁桥。

图4长桥下没有一处支撑，艺术加工的悬臂长桥。

拱桥

1 江苏徐州

2 徐州铜山

3 山东邹城

4 山东滕州

5 山东济宁

图3-102 拱桥

图1这幅捞鼎图中刻画的单孔拱桥，桥面呈现为半圆形，从桥的拱顶到拱脚的矢跨比约1∶2，桥身主体应是石质材料的（桥的中间竖立两根高大的木柱是用来捞鼎的，与桥体无关）。

图4这幅图像上的拱桥是难得看到的木料制造的单孔木拱桥。但是桥体其他方面与石拱桥基本一样、没有改变。

图5桥身主体应是石质材料。

斗栱

我国古代建筑中使用木斗栱构件的历史悠久,西周青铜器上就有斗栱形象。汉代也称斗为"栌""枅""曲枅"等,这里的"栌"为方形的斗,"曲枅"为弓形的栱。

斗栱是中国古代木结构建筑体系中特有的结构形式,在结构上既不属于屋顶的梁架部分,也不属于屋身中柱网部分,是一种独立的构件。其与屋架结合叠落构成建筑物的大梁架,形成了中国古代建筑独特的艺术风格。主要的结构作用就是在屋架的梁檩下承托、分化减少柱子与梁檩之间的剪力,减轻外力对建筑的扰动与破坏,也减小了梁檩(枋)之间的的跨度,提高了梁架的刚度和承载能力,同时将梁架承受的屋顶重量传递给屋身的柱网,通过柱网然后传递到台基上,起到承上传下的作用。

徐州及周边地区汉画图像中,常用的斗栱形式主要是一斗二升及衍生的斗栱叠落形态,并有构思精妙的斗栱混合叠落、形态优美壮观的独特建筑。

鉴于斗栱只是木结构建筑体系中的一种构件,本节仅列举部分最具典型性的斗栱画像,其他可在本章前述各节的建筑图像中查看。

栌斗

汉画图像中一些建筑体量较小的亭、使用功能等级较低的堂室楼阁的柱顶多安装栌斗。

1 江苏徐州　　　　　　　　　　2 江苏徐州

图3-103　栌斗小亭

(续图)

3 安徽淮北

4 山东滕州

图3-103 庑斗小亭

1 江苏徐州

2 山东滕州

图3-104 庑斗厅堂

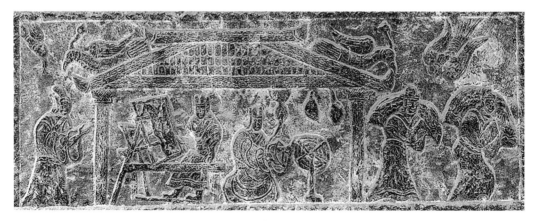
江苏徐州

图3-105 庑斗工坊

3 汉画像中的建筑物   113

1 山东济宁

2 安徽萧县

图3-106　栌斗楼
底层斗栱、上面栌斗，浪漫的想象，奇异的组合。

斗栱

1 江苏徐州

2 江苏徐州睢宁

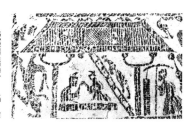
3 江苏徐州

4 江苏徐州

5 安徽萧县

图3-107　曲栱形斗栱

1 山东徽山

2 安徽萧县

3 安徽萧县（底层）

图3-108 直方木斗栱

栌斗与斗栱组合

1 江苏徐州

2 江苏徐州

3 江苏徐州

4 江苏徐州

图3-109 栌斗与斗栱组合

(续图)

5 江苏徐州

6 江苏徐州

7 江苏徐州睢宁

8 江苏徐州

图3-109 栌斗与斗栱组合

图1外边门厅位置的柱顶以栌斗承托梁枋，柱顶置放了栌斗后又安放了一斗二升混合使用，使建筑物宽敞高大，所有的柱子、斗栱构件都非常夸张的粗壮、结实、宽大。

图2扎实宽厚的栌斗、斗栱叠落承托高阔的屋顶。

图3栌斗与斗栱混合共用，斗栱粗大、两散斗醒目。

图4栌斗宽厚、斗栱粗阔，高脊大堂正是汉朝特色。

图5栌斗上两层斗栱叠摞高高托起屋顶。

图6栌斗上宽大的斗栱承托两个略小斗栱。

图7二层斗栱叠落使用，架托起屋顶留出更高的堂室空间。

斗栱装饰

汉代建筑中的斗栱也多增添了彩绘、雕刻的美化修饰。据武利华先生考证,徐州地区附近已经发现了多处有这种相似的龙首石雕斗栱。

图3-110 斗栱装饰

安徽宿州的这幅汉画斗栱叠落图像上的曲栱部位都雕刻了纹饰,并且在斗栱空隙间还雕刻有一对鸟儿,更加生动有趣。

一斗三升斗栱

一斗三升斗栱与一斗二升不同的就是栱上置三个升,在"山"字形的栱正中部分所支托的小斗通常和栌斗对齐,称为齐心斗,而两端支托的小斗也都称为散斗。徐州地区的汉画像石的图像显示的建筑斗栱大多数都是一斗二升形态,极少一斗三升形式。在2007年徐州铜山发现了一件斗栱结构石雕,这件石雕在栱上两端的散斗之间有方形小柱,应为早期一斗三升形式弱化向一斗二升形式转变。

3 汉画像中的建筑物　117

1 江苏徐州铜山

2 江苏徐州

3 江苏徐州（局部）

4 江苏徐州

图3-111　一斗三升斗栱

斗栱叠落

1 江苏徐州

2 安徽萧县

3 山东微山

图3-112　斗栱叠落

图1汉代建筑斗栱叠落使用上常有精彩一瞬：这处建筑有上、下两层额枋，下面壮硕的柱身顶安置栌斗与一斗二升混用，立面上的四个散斗承托下层额枋，枋上排列着六个散斗又承接着上层额枋，可以明显看到这种结构组合使用不仅使建筑高度增加很多，也让建筑立面产生变化并更美观。

栌斗承托额坊

徐州汉画像石表现斗栱的形象中一斗二升模式较多,但是斗上置栱、栱上置斗、斗上又置栱,重复交叠之斗栱叠落,宏大壮美,叠摞升起的斗栱造就了外形精彩、高阔宏伟的古典台榭。

1 江苏徐州铜山

2 江苏徐州铜山

3 山东邹城

4 山东微山

图3-113 栌斗承托额坊

图4水面上露出木柱栌斗托顶着异常粗大的二级曲拱,拱顶的散斗合并一起托举上面二层散斗、额坊叠落,五级组合。

参考文献

[1] 武利华. 徐州汉画像石[M]. 北京：线装书局，2011.

[2] 田忠恩等. 睢宁汉画像石[M]. 济南：山东美术出版社，1998：54-58.

[3] 赖非. 中国画像石全集·2山东汉画像石[M]. 济南：山东美术出版社，2000.

[4] 焦德森. 中国画像石全集·3山东汉画像石[M]. 济南：山东美术出版社，2000.

[5] 汤池. 中国画像石全集·4江苏、安徽、浙江汉画像石[M]. 济南：山东美术出版社，2000.

[6] 中国画像砖全集编辑委员会. 中国画像砖全集·3全国其他地区画像砖[M]. 成都：四川美术出版社，2006.

[7] 高书林. 淮北汉画像石[M]. 天津：天津人民美术出版社，2002.

[8] 马汉国. 微山汉画像石[M]. 北京：文物出版社，2003.

[9] 胡新立. 邹城汉画像石[M]. 北京：文物出版社，2008.

[10] 李锦山. 鲁南汉画像石研究[M]. 北京：中国水利水电出版社，2008.

[11] 山东省文物考古研究所. 鲁中南汉墓[M]. 北京：文物出版社，2009.

[12] 张从军. 黄河下游地区的汉画像石艺术[M]. 济南：齐鲁书社，2004.

[13] 巴黎大学北京汉学研究所. 汉代画像全集（初编）[M]. 北京：商务印书馆，1950.

[14] 张从军. 汉画像石[M]. 济南：山东友谊出版社，2002.

[15] 朱锡禄. 嘉祥汉画像石[M]. 济南：山东美术出版社，1992.

[16] 安丘县文化局，安丘县博物馆. 安丘董家庄汉画像石墓[M]. 济南：济南出版社，1992.

[17] 李亚利. 汉代画像中的建筑图像研究[D]. 长春：吉林大学，2015.

[18] 李敏，王逸玮，王祖成. 汉代楼阁建筑形式初探[J]. 西安建筑科技大学学报（自然科学版），2017，49（4）：503-507.

[19] 邢莉莉. 汉代楼阁建筑分类及建筑技术、艺术特征研究[J]. 吉林艺术学院学报，2015（1）：56-58

[20] 李亚利，滕铭予. 汉画像中的亭榭建筑研究[J]. 考古与文物，2015，（2）：82-90.

[21] 杜世茹. 汉代桥梁图式研究[D]. 杭州：中央美术学院，2016.

[22] 刘濋. 汉阙的建筑艺术特点及精神性功能[J]. 文物世界，2011（2）：16-21.

[23] 陈志菲. 中国古代门类旌表建筑制度研究[D]. 天津：天津大学，2017.

[24] 周学鹰. 汉代建筑大木作技术特征（之一）——斗栱[J]. 华中建筑，2006（9）：124-128.

[25] 周学鹰. 汉代建筑大木作技术特征（之二）——斗栱之分类：柱头铺作、转角铺作、补间铺作[J]. 华中建筑，2006（7）：133-136.

[26] 周学鹰. 汉代建筑大木作技术特征（之三）——柱（础）、梁枋、平坐腰檐[J]. 华中建筑，2006（10）：166-169.

[27] 王春波. 中国古代楼、阁、塔的建筑比较研究[J]. 文物世界，2017，（6）：7-11

[28] 李国新，杨蕴菁. 中国汉画造型艺术图典——建筑[M]. 郑州. 大象出版社. 2014.

4 汉画像中的装饰与纹饰

装饰与纹饰是人类文明发展到相当高度的产物，是随着物品的使用需要和人类的审美要求不断发展的，不但反映了当时的生活需要和观念意识，而且是当时最通俗易懂、最普及的审美对象。古徐州地区汉画像中的装饰与纹饰，既体现了汉代这一地区的人们主客观的结合、现实与理想的统一，也体现了其基本审美特点：大气厚重，拙中见巧，构图紧凑，简中有繁，展示出由写实到抽象的升华。

4.1 装饰

4.1.1 屋脊装饰

汉代建筑屋顶总体上形式舒展，坡度平缓，屋面多直坡而下，以筒瓦和瓦当装饰。建筑风格轮廓粗犷，线条简练古朴。已经具有歇山式、悬山式、硬山式、庑殿式、攒尖式等屋顶形式，为了有效解决屋面结合处的防风遮雨功能，出现了屋面上的正脊、垂脊、戗脊等各种功能性屋脊。古徐州地区汉画像中的屋脊早期以平直脊为主，中后期普遍脊尾起尖，垂脊还出现了"U"形翘伸，并在脊上装饰：正脊常装饰凤鸟、火焰珠等，垂脊多见猴，使屋脊在实用功能之外进一步被赋予了装饰和标示等级的作用，赋予建筑某种明显指向的精神意味，使建筑物更加充满文化和艺术魅力，开启了后世屋面走兽装饰的先河。

4.1.2 建筑构件装饰

汉代建筑构件装饰涵盖了立柱、斗栱、门窗和瓦当各个层面。共同的特点是形态古拙、结构均衡、生动简练、主题突出。使用较多的装饰有凤、飞鸟、植物、走兽、祥云、游鱼及龙凤纹、神兽纹、几何纹、力士纹等，表现手法多用圆雕、浮雕、线刻、彩绘，以写意为主，注意神态刻画，其形象大则古拙、豪放，细则丝丝入微，简繁对比鲜明，赋予吉祥安康之意。

4.1.3 铺首

出现于汉代画像石中的铺首，根据其风格和类型，可分为现实形态、理想形态以及综合形态。

现实形态是现实中某种具体的动物，如人首、鱼、猴、虎等。

理想形态是人们创造的多种动物形态的集成体，如龙、凤、伏羲女娲等。

综合形态为兽面与其他形态的融合，如"山"形纹铺首等组合。

汉代铺首的发展进入兴盛时期，是"视死如视生"的汉代生死观的体现，辟邪和祈福的象征，还是阶级划分的标识。

4.1.4 建筑色彩

汉代建筑在色彩的运用上，外墙白色，室内墙涂湖粉，边框青紫，内白墙，红壁柱，总色彩白、黑、紫、赭、红、黄、青。

4.2 纹饰

徐州汉画像纹饰非常丰富，种类繁多，组合多样，根据其复杂程度，大致可以分两类：

一类是简单装饰图案，主要以圆弧和直线为基本构图元素，有斜线纹、垂幛纹、锯齿纹、连弧纹、十字穿环、三角纹等，特点是以简单的图案充满画面，简约却不呆板，既给人一种简约美，又给人一种神秘感。

另一类是复杂装饰图案，通常有多种不同的构图元素相互组合、重复，纹饰的线条极不规则，有兽面直线纹、流云纹、双曲线纹等，构图特点为对称性、无界线布局、充实性，既有统一的形式感，又富于变化，展现出一种紧凑且和谐的感觉。

装饰

屋脊装饰

1 江苏徐州　　　　　　2 江苏徐州

图4-1　凤鸟

4 汉画像中的装饰与纹饰　123

1 江苏徐州

2 山东邹城

3 安徽萧县

图4-2　猿猴

江苏徐州

图4-3　凤鸟与猿猴

1　江苏徐州　　　　　　　　　　　　2　安徽萧县

图4-4　火焰珠与凤鸟

山东滕州　　　　　　　　　江苏徐州

图4-5　火焰珠与走兽　　　图4-6　鲤鱼

建筑构件装饰

1 文字瓦当纹

青龙纹瓦当　　　　玄武纹瓦当　　　　白虎纹瓦当

朱雀纹瓦当

2 四神纹瓦当

3 "延年"纹瓦当

4 鹿形纹瓦当　　　5 云纹瓦当　　　6 植物(花瓣)纹瓦当

图4-7 瓦当

（续图）

7 齐系半瓦当

图4-7 瓦当

透雕圆柱　　分层雕柱　　浮雕柱　　圆雕半柱　　方浮雕柱　　八面几何纹柱　　四方柱

1 柱饰（江苏徐州）

2 柱础装饰（江苏徐州）

图4-8 柱装饰

4 汉画像中的装饰与纹饰　　127

1 门楣饰（江苏徐州）　　2 门楣饰（江苏徐州）　　3 门边柱饰（江苏徐州）

图4-9　门窗装饰

1 单纹铺地砖

2 组合纹铺地砖

图4-10　铺地砖

铺首

1 江苏徐州　　2 江苏徐州　　3 安徽淮北　　4 安徽淮北

图4-11　人面铺首

（续图）

5 安徽淮北　　6 山东临沂　　7 安徽萧县

8 安徽萧县　　9 山东诸城　　10 山东微山

图4-11　人面铺首

1 安徽淮北　　2 山东临沂　　3 山东邹城

图4-12　鱼铺首

4 汉画像中的装饰与纹饰

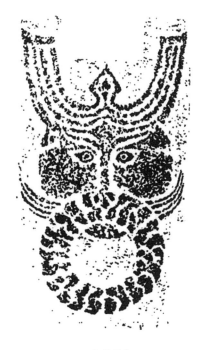  

1 安徽淮北　　　　　2 安徽淮北　　　　　3 山东泰安

图4-13　虎铺首

1 江苏徐州　　　2 江苏徐州　　　3 江苏徐州茅村　　　4 安徽淮北

图4-14　凤鸟铺首

（续图）

5 安徽淮北　　　　6 安徽淮北　　　　7 安徽淮北　　　　8 安徽宿州

图4-14　凤鸟铺首

1 山东泰安　　　　　　2 山东邹城　　　　　　3 山东枣庄

图4-15　龙铺首

江苏徐州

图4-16　伏羲、女娲铺首

4 汉画像中的装饰与纹饰　131

1　江苏徐州　　　2　江苏徐州　　　　3　江苏徐州　　4　江苏徐州

5　江苏徐州　　　　6　江苏徐州

7　山东滕州

8　安徽淮北　　　9　安徽淮北

图4-17　山形铺首

（续图）

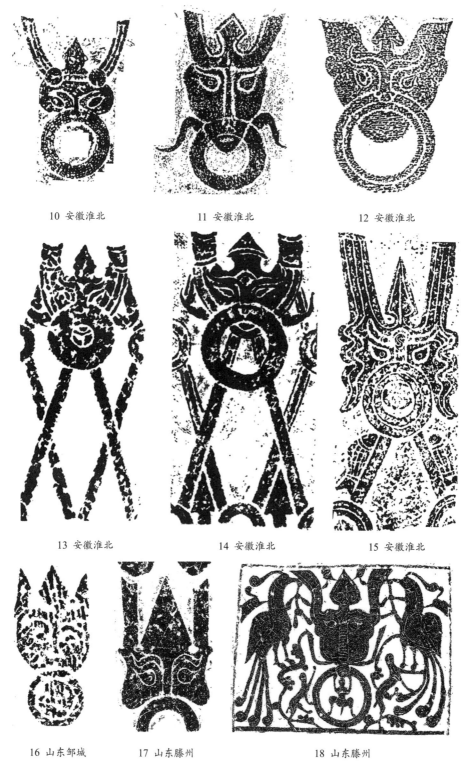

10 安徽淮北　　　11 安徽淮北　　　12 安徽淮北

13 安徽淮北　　　14 安徽淮北　　　15 安徽淮北

16 山东邹城　　　17 山东滕州　　　18 山东滕州

图4-17　山形铺首

4 汉画像中的装饰与纹饰

图4-18 其他纹饰铺首

纹饰

锯齿纹

图4-19 锯齿纹（汉画像石，东汉，现存于徐州汉画像石艺术馆）

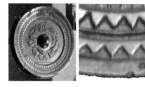 

图4-20 锯齿纹（铜镜，西汉，现存于徐州博物馆）　　图4-21 锯齿纹（铜镜，西汉，现存于徐州博物馆）

图4-22 锯齿纹（铜镜，西汉，现存于徐州博物馆）

十字穿环纹

图4-23 十字穿环（汉画像石，东汉，现存于徐州汉画像石艺术馆）

图4-24 十字穿环（汉画像石，东汉，江苏铜山茅村出土，现存于徐州汉画像石艺术馆）

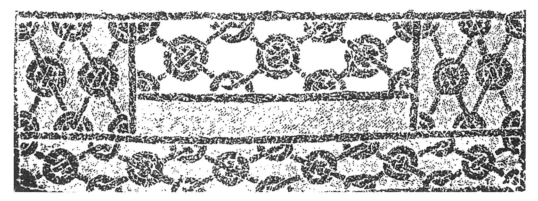

图4-25 十字穿环（汉画像石，江苏徐州[7]）

图4-26 十字穿环（汉画像石，江苏徐州[7]）

图4-27 十字穿环（汉画像石，山东费县[7]）

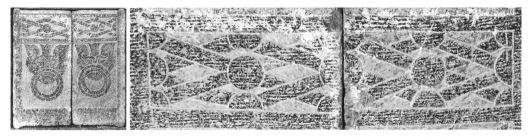

图4-28 十字穿环（汉画像石，东汉，现存于徐州汉画像石艺术馆）

图4-29 十字穿环（汉画像石，江苏徐州[7]）

图4-30 十字穿环（安徽淮北[7]）

图4-31 十字穿环（汉画像石，安徽淮北[7]）

图4-32 十字穿环（汉画像石，江苏徐州[7]）

图4-33 十字穿环（汉画像石，安徽淮北[7]）

图4-34 十字穿环（汉画像石，安徽淮北[7]）

4 汉画像中的装饰与纹饰

图4-35 十字穿环（汉画像石，山东滕州西户口[7]）

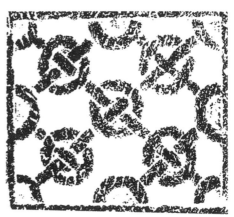

图4-36 十字穿环（汉画像石，江苏邳州[7]）

图4-37 十字穿环（汉画像石，江苏睢宁[7]）

图4-38 十字穿环（汉画像石，安徽淮北[7]）

图4-39 十字穿环（汉画像石，安徽淮北[7]）

图4-40 十字穿环（汉画像石，安徽淮北[7]）

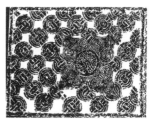

图4-41 十字穿环（汉画像石，安徽宿州[7]）

图4-42 十字穿环(汉画像石,河南永城[7])

菱形纹

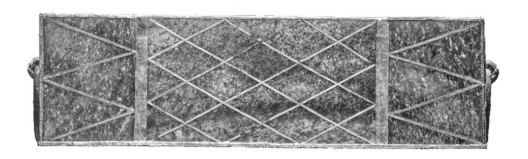

图4-43 菱形纹(西汉"刘和"镶玉枕 江苏徐州)

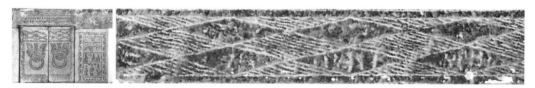

图4-44 菱形纹(汉画像石,东汉,现存于徐州汉画像石艺术馆)

图4-45 菱形纹(汉画像石,东汉,现存于徐州汉画像石艺术馆)

图4-46 菱形纹(汉画像石,东汉,现存于徐州汉画像石艺术馆)

4 汉画像中的装饰与纹饰   139

图4-47　菱形纹（汉画像石，东汉，现存于徐州汉画像石艺术馆）

图4-48　菱形纹（汉画像石，东汉，现存于徐州汉画像石艺术馆）

图4-49　菱形纹（汉画像石，东汉，现存于徐州汉画像石艺术馆）

图4-50　菱形纹（汉画像石，江苏徐州[7]）

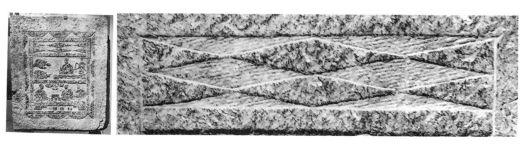

图4-51 菱形纹（汉画像石，东汉，现存于徐州汉画像石艺术馆）

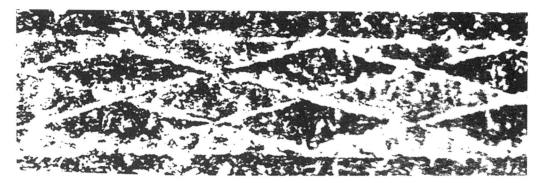

图4-52 菱形纹（汉画像石，江苏徐州[7]）

图4-53 菱形纹（汉画像石，东汉，现存于徐州汉画像石艺术馆）

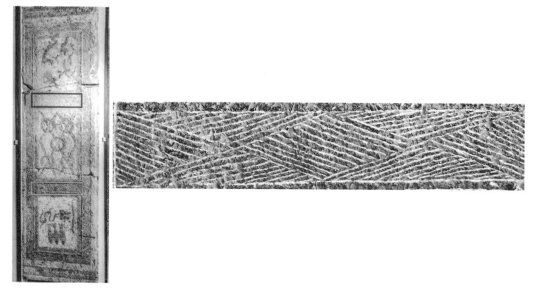

图4-54 菱形纹（汉画像石，东汉，现存于徐州汉画像石艺术馆）

图4-55 菱形纹（汉画像石，东汉，江苏徐州凤凰山汉墓祠堂，现存于徐州汉画像石艺术馆）

图4-56 菱形纹（汉画像石，东汉，江苏徐州凤凰山汉墓祠堂，现存于徐州汉画像石艺术馆）

图4-57 菱形纹（汉画像石，江苏徐州[7]）

图4-58 菱形纹（汉画像石，江苏徐州[7]）

图4-59 菱形纹（汉画像石，江苏徐州[7]）

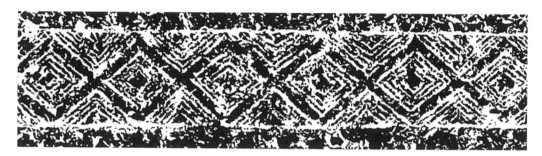

图4-60 菱形纹（汉画像石，江苏徐州[7]）

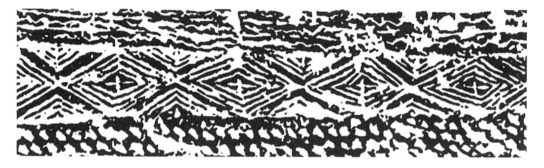

图4-61 菱形纹（汉画像石，江苏睢宁[7]）

图4-62 菱形纹（汉画像石，江苏睢宁[7]）

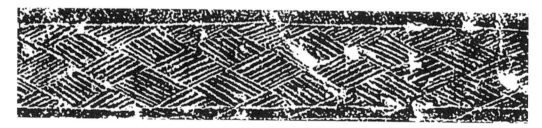

图4-63 菱形纹（汉画像石，江苏铜山[7]）

图4-64　菱形纹（汉画像石，河南禹州[7]）

图4-65　菱形纹（汉画像石，山东金乡[7]）

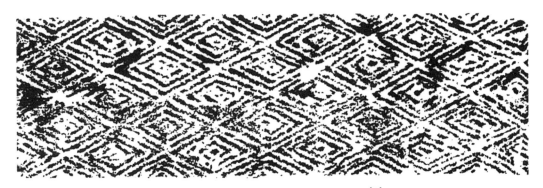

图4-66　菱形纹（汉画像石，山东曲阜[7]）

圆弧纹

图4-67　圆弧纹（汉画像石，东汉，现存于徐州汉画像石艺术馆）

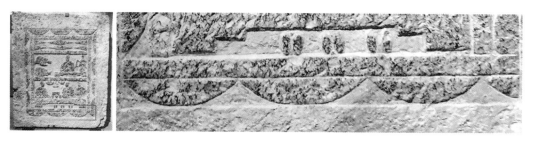

图4-68　圆弧纹（汉画像石，东汉，徐州汉画像石研究会提供，现存于徐州汉画像石艺术馆）

图4-69　圆弧纹（汉画像石，东汉，现存于徐州汉画像石艺术馆）

图4-70　圆弧纹（汉画像石，东汉，现存于徐州汉画像石艺术馆）

图4-71　圆弧纹（汉画像石，东汉，现存于徐州汉画像石艺术馆）

波浪纹

图4-72 波浪纹（汉画像石，东汉，江苏铜山汉王乡东沿村出土，现存于徐州汉画像石艺术馆）

图4-73 波浪纹（汉画像石，东汉，现存于徐州汉画像石艺术馆）

图4-74 波浪纹（汉画像石，东汉，现存于徐州汉画像石艺术馆）

图4-75 波浪纹（汉画像石，东汉，现存于徐州汉画像石艺术馆）

图4-76 波浪纹(铜镜,西汉,现存于徐州博物馆)

云龙纹

图4-77 云龙纹(汉画像石,山东邹城[7])

图4-78 云龙纹(汉画像石,山东邹城[7])

图4-79 云龙纹(汉画像石,山东邹城[7])

图4-80　云龙纹（汉画像石，山东邹城[7]）

图4-81　云龙纹（汉画像石，山东邹城[7]）

图4-82　云龙纹（汉画像石，山东邹城[7]）

图4-83　云龙纹（汉画像石，山东邹城[7]）

图4-84　云龙纹（汉画像石，山东邹城[7]）

图4-85　云龙纹（汉画像石，山东邹城[7]）

图4-86　云龙纹（汉画像石，山东邹城[7]）

图4-87　云龙纹（汉画像石，山东邹城[7]）

图4-88　云龙纹（汉画像石，山东邹城[7]）

图4-89　云龙纹（汉画像石，山东邹城[7]）

4 汉画像中的装饰与纹饰　149

图4-90　云龙纹（汉画像石，山东泰安大汶口[7]）

图4-91　云龙纹（汉画像石，山东泰安大汶口[7]）

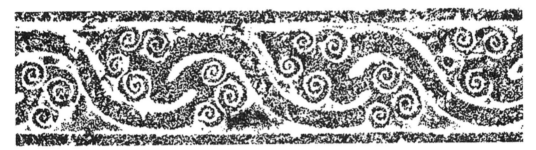

图4-92　云龙纹（汉画像石，山东微山[7]）

图4-93　云龙纹（汉画像石，山东滕州[7]）

图4-94　云龙纹（汉画像石，江苏徐州[7]）

图4-95　云龙纹（汉画像石，安徽萧县[7]）

鸟云纹

图4-96　鸟云纹（汉画像石，山东泰安[7]）

图4-97　鸟云纹（汉画像石，山东微山[7]）

图4-98　鸟云纹（汉画像石，山东泰安[7]）

图4-99　鸟云纹（汉画像石，山东微山[7]）

双勾纹

图4-100　双勾纹（汉画像石，江苏徐州[7]）

图4-101　双勾纹（汉画像石，江苏徐州[7]）

图4-102　双勾纹（汉画像石，山东临沂[7]）

图4-103　双勾纹（汉画像石，安徽萧县[7]）

图4-104　S形龙玉佩（西汉，徐州狮子山楚王墓出土，现存于徐州博物馆[7]）

组合纹

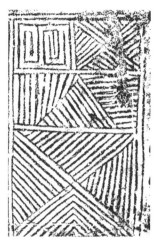

图4-105 组合纹(汉画像石,山东诸城[7])

图4-106 组合纹(汉画像石,安徽淮北[7])

图4-107 组合纹(汉画像石,安徽淮北[7])

图4-108 组合纹(汉画像石,山东微山[7])

4 汉画像中的装饰与纹饰　153

图4-109　组合纹（汉画像砖，安徽萧县[7]）

图4-110　组合纹（汉画像石，安徽宿州[7]）

图4-111　组合纹（汉画像石，江苏徐州[7]）

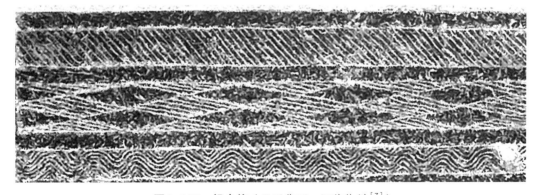

图4-112　组合纹（汉画像石，江苏徐州[7]）

图4-113 组合纹(汉画像石,江苏徐州[7])

图4-114 组合纹(汉画像石,山东泰安[7])

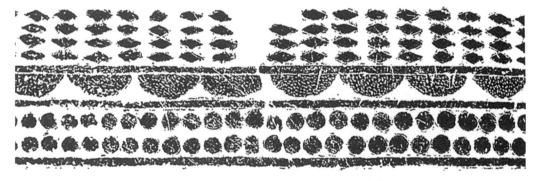

图4-115 组合纹(汉画像石,山东邹城[7])

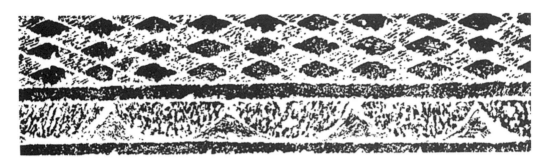

图4-116 组合纹（汉画像石，山东邹城[7]）

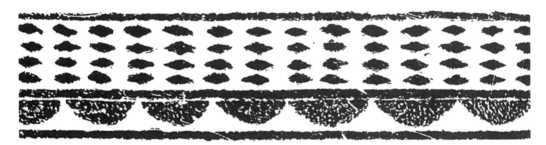

图4-117 组合纹（汉画像石，山东邹城[7]）

图4-118 组合纹（汉画像石，江苏睢宁[7]）

图4-119 组合纹（汉画像石，江苏睢宁[7]）

图4-120 组合纹（汉画像石，江苏睢宁[7]）

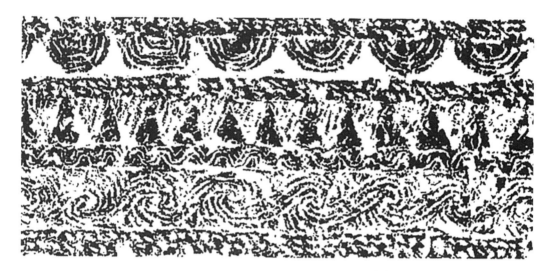

图4-121 组合纹（汉画像石，江苏睢宁[7]）

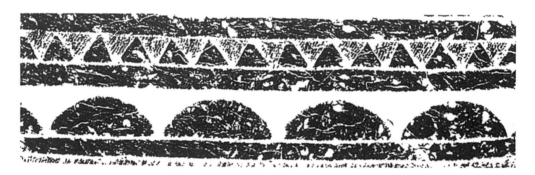

图4-122 组合纹（汉画像石，江苏邳州[7]）

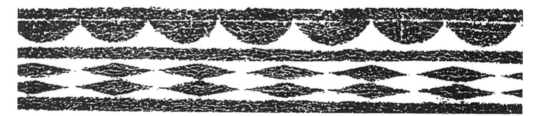

图4-123 组合纹（汉画像石，江苏睢宁[7]）

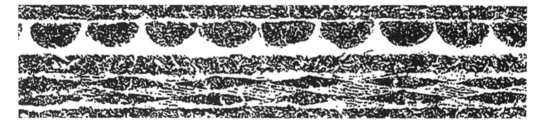

图4-124 组合纹（汉画像石，江苏徐州[7]）

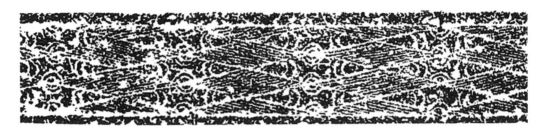

图4-125 组合纹（汉画像石，安徽宿州[7]）

图4-126 组合纹（汉画像石，山东微山[7]）

图4-127 组合纹（汉画像石，山东邹城[7]）

图4-128 组合纹（汉画像石，山东邹城[7]）

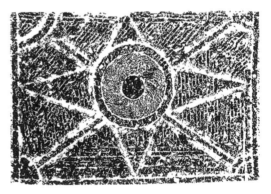

图4-129 组合纹（汉画像石，山东邹城[7]）

图4-130 组合纹（汉代瓦当，安徽萧县[7]）

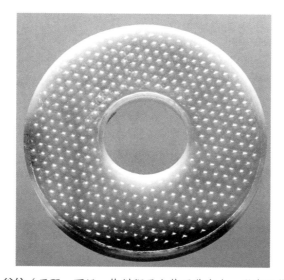

图4-131 谷纹（玉环，西汉，徐州狮子山楚王墓出土，现存于徐州博物馆）

交龙纹

图4-132 交龙纹（汉画像石，江苏徐州[7]）

4 汉画像中的装饰与纹饰　159

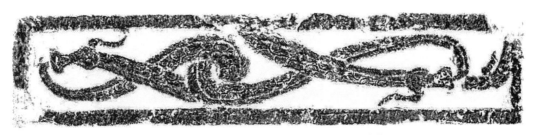

图4-133　交龙纹（汉画像石，江苏徐州[7]）

图4-134　交龙纹（汉画像石，江苏徐州[7]）

图4-135　交龙纹（汉画像石，江苏徐州[7]）

二龙穿璧纹

图4-136 二龙穿璧纹（汉画像石，江苏徐州[7]）

图4-137 二龙穿璧纹（汉画像石，江苏徐州[7]）

图4-138 二龙穿璧纹（汉画像石，江苏徐州[7]）

图4-139 二龙穿璧纹（汉画像石，东汉，现存于徐州汉画像石艺术馆）

图4-140　二龙穿璧纹（汉画像石，江苏徐州[7]）

图4-141　二龙穿璧纹（汉画像石，江苏徐州[7]）

参考文献

[1] 郝囡. 徐州汉文化装饰艺术特征研究[D]. 南京：南京林业大学，2011.

[2] 鲁海峰. 汉代建筑构件装饰风格考[J]. 徐州工程学院学报（自然科学版），2009，24（4）：37-42.

[3] 韩冰. 汉代建筑上的屋脊装饰[J]. 中原文物，2015，（2）：73-78.

[4] 庞一村. 浅谈徐州汉画像石建筑屋脊装饰之美[J]. 建筑与文化，2017（7）：150-152.

[5] 阳桂平. 论中国古代铺首[D]. 南京：南京艺术学院，2015.

[6] 鲁海峰. 汉代建筑构件装饰风格考[J]. 徐州工程学院学报（自然科学版），2009，24（4）：37-43.

[7] 李国新，杨蕴菁. 中国汉画造型艺术图典——纹饰[M]. 郑州．大象出版社．2014.

[8] 李国新，杨蕴菁. 中国汉画造型艺术图典——建筑[M]. 郑州．大象出版社．2014.

[9] 徐州博物馆. 古彭遗珍[M]. 北京．国家图书馆出版社．2011.

5 汉画像中的叙事传说与祥瑞文化

从远古至今,远避灾疫邪恶、追求吉祥顺畅是人们的普遍心理,上至王皇,下至庶民,概莫能外。这种趋吉避害心理,让人们的想象力插上了双翅而恣意驰骋,产生了许多象征祥瑞或者灾疫的神秘怪异的传说、故事和意象,从而成为一种民族文化和民族哲学。

5.1 生活叙事

反映社会生活的画像石,主要有迎来送往、车骑出行、田猎捕鱼、庖厨宴饮、侍卫门卒等,其表现形式丰富多样,囊括了日常生活的方方面面。

车骑出行常见的车舆有斧车、轺车、辒车、棚车、轩车等,从一马驾车到驷马安车,场面大小简繁,出行场景跃然而出,反映出了一定的制度等级。

庖厨图中可以看到厨夫们忙碌的情景,厨房内的各种设备用具,以及人们的膳食情况,真实反映了当时的生活方式,以及宴饮宾客、丧葬祭祀等场景。

战争题材以胡汉战争图居多,战场多在河桥之上,画面中胡人身着盔甲、头戴尖帽,使用的武器为弓箭,汉兵执刀、盾并与骑兵相结合与胡人格杀。胡汉战争题材画像反映了"胡虏殄灭天下安"的思想。

5.2 百戏

汉代百戏是古代民间表演艺术的泛称,"百戏"一词产生于汉代,汉代称"角抵戏"。汉代百戏是伴随着汉代经济繁荣、文化兴盛而发展起来的宫廷和民间表演艺术。主要在宫廷、宗庙、囿园、民间四种场合举行庆典、祭祀、宴饮或自娱。包括找鼎、寻幢、吞刀、吐火等各种杂技幻术,装扮人物的乐舞,装扮动物的"鱼龙曼延"及带有简单故事的"东海黄公"等,是以杂技为主的综合性娱乐节目。《汉书·武帝纪》中记载，元封三年春，皇家在京师举行百戏表演，"三百里内皆（来）观"。汉代画像石、砖中对各类节目都有形象记载，如：力技、形体技巧、耍弄技巧、高空节目、马戏与动物戏（驯兽）、幻术、飞丸、安息五案（波斯柔术，即地上、鼓上、竿上、台上、案上倒立）、盘鼓舞、歌舞俳优（如：长袖舞、折腰舞、鼓舞、抚瑟、吹竽）等。音乐往往与舞蹈、杂技等融为一体。汉代的乐器主要由击乐器（鼓）、弦乐器（瑟）、管乐器（笙、排箫）等三类构成，而最基本的配器原则是以瑟、笙、排箫等演奏旋律，而以鼓控制节奏。在徐州和沂南等地汉墓出土的画像石中，有大量形象直观的图像，充分体现了汉代百戏精湛绝伦的技艺和丰富多彩的艺术形式。

5.3 传说故事

传说故事包括古代帝王圣贤、忠臣义士、孝子烈女等历史故事以及神话故事，有泗水捞鼎、孔子见老子、周公辅成王、二桃杀三士等。特别是山东、江苏的"泗水捞鼎"图达29幅之多。以泗水捞鼎为故事题材的传说在汉代极为盛行，是汉代人根据东周人对西周的历史解读，同时与秦汉时期的历史事件相杂糅，进一步再构出的历史故事，强化汉代统治合法性[5]。

5.4 祥瑞文化

"祥瑞"是人们追求幸福康寿、趋吉避凶的一种心理，也常常表达一种有益的自然现象，与此有关的图就是图谶，也称为"祥瑞""符瑞""瑞应"。对应于中国古代天、地、人"三才"思想，祥瑞有"天降祥瑞""地出祥瑞""人事祥瑞""辟邪祥瑞"等类型。其中，具有代表性的"祥瑞"符号为"四灵"，即朱雀、玄武、青龙、白虎。

"天降祥瑞"源于"天—地—人"的宇宙思维模式，在汉代人心中，许多天文现象与祥瑞有关，所谓"天不言，玄象以示吉凶。"[1]汉画像中的星象图有太一、北斗七星、四象、二十八星宿、日月（同辉、合璧）、云师、风伯、雷公、河伯、虹神、水神（天吴）等。

"地出祥瑞"通常认为源于古人把大地作为母亲来崇拜，因为其"厚德载物"，吐育万物。汉画像"地出祥瑞"图式中，有山岳、动物、植物三大类。动物又有虚拟动物和真实动物两小类。虚拟动物有龙、凤凰、麒麟、九尾狐、比翼鸟、比肩兽等，真实动物有虎、猴、马、羊、龟等。

"从动物装潢变迁到植物装潢，实在是文化史上的一种重要进步的象征——就是从狩猎变迁到农耕的象征。"（格罗塞《艺术的起源》）[2]"汉代吉祥植物与吉祥动物表示吉祥寓意的方法有些不同，吉祥植物鲜有通过谐音来表示吉祥的，它主要通过植物的形态、生态和价值以及征兆、功用、特征和传说附会来寓意吉祥。"[3]以植物作为吉祥征兆，常见的有嘉禾、蓂荚、蕫莆、芝草、木连理、扶桑、柏木、桂树、芝草等。

"人事祥瑞"大多与原始宗教的巫术信仰和祖先崇拜有关，在历史发展过程中，祖先被神化，成了降福子孙的神灵，祖先也就有了吉祥的寓意。常见的有西王母东王公、伏羲女娲、神农、黄帝、仓颉、羽人等。

"辟邪祥瑞"以神秘的威力和狞厉，使人获得一种来自超现实的神灵的威权，达到祛邪除戾的目的[4]。常见的有以蚩尤视为兵神、战神以"辟兵"，以方相氏节日时在室内打鬼，以饕餮专食来侵的恶鬼猛兽等。

生活叙事

车马出行[6]

图5-1 车马出行图一（东汉，江苏徐州）

此图之车马，用笔极其简括，能于纤细中弘扬力度。将"行者"与"迎者"作中分处理，左右相当有对称之美。妙在一牛车，意外效果顿出。

图5-2 车马出行图二（东汉，江苏徐州）

画面展现汉代贵族生活。

图5-3 车马出行图三 （东汉，江苏徐州）

群骑拥车，缓缓而进，少了浮躁，多了庄重，充分体现了大汉雄风的刚健。

图5-4 车马出行图四 （东汉，江苏徐州）

乘车者颇有气派，随从人等执刀带箭，车占画面的十分之六，上部十分之四为奇禽异兽，强化祈求祥瑞的主题之意。

图5-5 车马出行图五 （东汉，徐州民间收藏）

图5-6 车马出行图六 （东汉，徐州民间收藏）

图5-7 车马出行图七 （东汉，江苏徐州）

从相迎者的鸣鼓为号，到相随者的依仗追随，车中之人地位之尊可以想见。

图5-8 车马出行图八 （东汉，江苏徐州）

这幅车马出行图的艺术特点是加一边框，将迎送双方置诸框外，变成了富有对比、对称、装饰色彩的元素。

图5-9 车马出行图九 （东汉，江苏徐州）

下半部展现车马行进，迎宾入室的过程；上半部展现击钟抚琴、载歌载舞、烹食宴宾、百技相竞的融合。

图5-10 车马出行图十 （东汉，江苏徐州）

马腿较一般奔马粗、壮、短。虽有葡匐之状，但前进动态不减。

5 汉画像中的叙事传说与祥瑞文化　　167

图5-11　车马出行图十一（东汉，江苏徐州）

　　上格画面主客相融，百戏合演，重在表现汉代人的待客娱乐；下格画面表现车马行进、出郊迎（送）之礼。

迎宾拜见、庖厨宴饮

图5-12　文武拜见图（东汉，江苏徐州）

　　左面一人头戴贤冠，手持笏板，为文官；右面一人头戴武弁大冠，身佩长剑，为武官。

图5-13 坐榻宴饮图 （东汉，江苏徐州）

上格为拜谒，一人坐榻上，后面一侍者，前面两人跪拜。下格三人坐在大榻上宴饮，上刻垂幔纹，表示在室内，榻前放三双鞋子，表示当时的礼仪。在汉代人们席地而坐，富有人家坐榻待客。榻分小榻，一人坐，大榻可供多人坐。在韩国、日本坐榻待客的礼节应源于中国的汉代[6]。

图5-14 拥彗门吏 （东汉，江苏徐州）

画面上刻两人物一匹马，描写客人来到门前的场景。下刻执戟门吏和拥彗门吏，执戟表示维护治安，拥彗就是手拿扫帚站立，意思是道路已清扫干净，等候贵客光临。

图5-15 迎宾宴饮图 （东汉，江苏徐州）

主人迎宾，场面热烈，有酒有炉，气氛和谐，凤凰起舞，寓意吉祥。

5 汉画像中的叙事传说与祥瑞文化   169

图5-16　龙马精神（东汉，江苏徐州）

　　画面分三格。下格用对角线分开，上边车马出行，下边刻一"S"形大龙，作昂首奔腾状。中格刻交谈场景，上格刻人物拜见，整个画面人物刻画为胡人形象，高鼻子，大眼睛。中国古人对龙非常崇拜，相信龙是万能之物，它引领世界，用龙马精神表示奔腾向上的境界。

图5-17　拜谒图（东汉，江苏徐州）

　　人物形象做正、侧面两面刻画，早在东汉时期就出现了三维立体画面。

图5-18 庖厨图（东汉，江苏徐州）
由上至下依次展现拜谒、庖厨、娱乐的场景。

图5-19 和谐社会（东汉，江苏徐州）
　　画面分四格。上一格为凤凰口衔琅玕，展翅欲飞状；二格两兽下有两只小鸟；三格为五位人物互跪拜；四格上有一人持笏跪拜，两匹马在悠然自得地吃草。画面呈现一派和谐气氛。

娱乐比武

图5-20 射雀比武图 （东汉，江苏徐州）
从上至下依次展现射雀（即射爵）、车马礼仪、比武、子孙万代（两条鱼寓意）、吉祥如意之意。

图5-21 七力士图 （东汉，江苏徐州）
人物从左至右依次展现为执盾、驯虎、拔柳、背牛、举鼎、抱犊、捧壶。

生产活动（牛耕、渔猎、编织）

图5-22 牛耕 （东汉，江苏徐州）

真实反映了汉代农业生产力水平，再现了农民在田间耕作的场景。人物刻画逼真，动感极强，是历史资料和绘画艺术的完美结合。汉画牛耕图在中国汉代仅发现12幅，非常珍贵。

图5-23 钓鱼 （东汉，江苏徐州）

该画右侧一层为一湖，有鹳鸟衔鱼，王雎鼓翼；二层主人与渔父同嬉，享受垂钓之乐。

图5-24 叉鱼（江苏徐州）

图5-25 纺织（江苏徐州铜山）

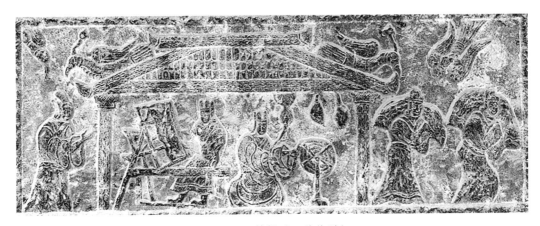

图5-26 纺织（江苏徐州）

战争

图5-27 攻占图（东汉，江苏徐州）

画面刻画两军对垒的战争场面，中间刻桥一座，水中有一人划船。桥左边一车二骑、一人反身拉弓与右上角弓弩手对射，左侧为胡人工事。对胡人善骑射的特长做了明确的刻画。桥右边二车三骑疾驰，在桥上步兵持剑、钩镶、盾牌向前进攻。整幅画面两军对峙，车马奔地，剑拔弩张，仿佛听到了厮杀声，表现了惊心动魄的战争场面。

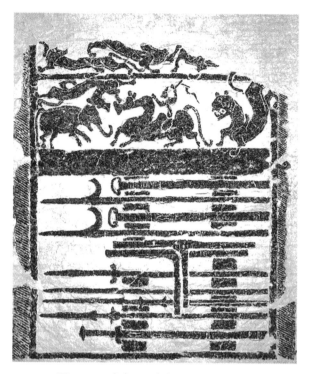

图5-28 武库图 （东汉，江苏徐州）

　　画面上部为龙、虎、大象、瑞兽奔腾。下部为兵器图，在兰锜架上摆放着环首刀、戟、铍、剑、长矛等11件兵器，画面可理解为龙腾虎跃，太平有象，枪刀入库，和平盛世。

百戏

图5-29 建鼓舞 （东汉，江苏徐州）

　　建鼓舞为汉代"百戏"节目之一，始于商代，中间树立的长檀为建木，鼓贯穿其间，上方有羽葆华盖装饰物，两位乐师击鼓而舞。

图5-30 六博百戏图（东汉，江苏徐州）

上部右侧刻画杂技表演，有人做单手倒立，有人做双手倒立，为现代体操的雏形；下边六博。左边有跳丸、鼓瑟、长袖舞的场面。

图5-31 击剑图（东汉，江苏徐州）

二人比赛击剑，其步法、身手、动作协调性显示出成熟的击剑技法和格斗技巧。人物刻画写实，神态逼真，动感极强，刻工精细，为汉画中的工笔人物画。

图5-32 鸟头兽表演（东汉，江苏徐州）

画面分为楼上、楼下两层，楼上刻13位头冠各不相同的人物，凭栏端坐，观看表演，左边第二、三两位人物亲密异常，相互拥抱接吻，看上去如同一个正面人脸，构思奇特。楼下刻6只朱雀和1只怪兽，鸟首、兽身、有翼，像是简化的狮鹫兽。狮鹫兽神话传说在三千年前出现在两河流域，并向世界各地广泛传播。估计这种文化随汉代丝绸之路从西域传到了中国，结合中国的《山海经》中的异兽作了简化，并反映在汉画像石上[6]。

图5-33 驯兽（江苏徐州）

图5-34 汉代百戏（山东沂南）

图5-35 杂技（山东沂南）

图5-36 驯兽（山东沂南）

传说故事

徐州市汉画像石研究会收藏　　　　　　　　山东嘉祥

图5-37　孔子拜见老子

该图主要表现孔子忧国忧民的政治抱负以及谦虚好学的精神，就社会问题求教于老子。也表现出儒家的包容性。

图5-38　神仙出游图　（东汉，江苏徐州）

图中左边虎拉车，乘者为雷公，车轮卷云纹状；鸟拉车，乘者为风神，车轮为风纹状；鱼拉车，乘者为河伯（管理河流的神仙），车轮为水波纹状；仙人骑龙导引，龙拉车，乘者为龙王，车轮为浪花状，后有翼龙护送。整个场面壮阔，气势恢宏，观后仿佛有诸位神仙结伴，在天空中巡游出行的感觉。项羽兵败后，很多楚人留在了徐州，受楚文化的影响，徐州人亦敬天、敬地、敬畏鬼神。这幅汉画楚文化的韵味十足，加之斜线和菱形状的边纹，构图奇特，想象力丰富，为汉画佳作。

图5-39 玉兔捣药（东汉，江苏徐州）

雌、雄二兔在捣制长生不老药。据中国古籍《山海经》记载，西王母掌握长生不老药，命玉兔捣制，赐给乞求长生不老者。又传中国古代大力士后羿从西王母那里求得长生不老药，其妻嫦娥私自吞服，结果升天奔月，成为月中仙子。

图5-40 骊姬置毒（东汉，江苏徐州）

画面分两层，下层为骊姬入宫的情景，有两位佳丽前面挽车，车后一女子持华盖相拥，右上方有一飞鸟，两边是宫阙，表示在路上。上层为置毒场面，中间是晋献公，左边为骊姬和其子奚齐，右边两人是太子申生和公子重耳，中间有胙肉、酒器，被毒死的犬。

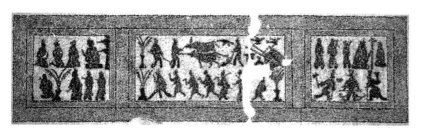

图5-41 二桃杀三士、太仓公行医图（东汉，江苏徐州）

画面分为三个部分，中间是牛耕图，左右两边是历史故事太仓公行医图和二桃杀三士。

图5-42 狗咬赵盾（东汉，江苏徐州）

画面左边一武士头戴鹖冠，身佩长剑，侧面而立，应为赵盾；右边一人牵犬张口捕向赵盾，此人应为晋灵公；乘车人应为太守[6]。

祥瑞文化

瑞鸟

1 凤鸟展翅（东汉，现存于江苏徐州艺术馆）

2 凤鸟展翅（西汉，现存于徐州博物馆）

3 凤衔仙草（东汉，江苏徐州）

在汉代嘉禾代表五谷。此幅汉画中凤凰口中衔嘉禾，足蹬鱼背，寓意为五谷丰（凤）登（蹬），风（凤）调雨（鱼）顺，均为汉代吉语。

4 凤衔琅玕（汉画像石，东汉，江苏徐州）

琅玕为神话传说中仙树结的果实，比喻珍贵美好之物。

5 凤求凰（汉画像石，东汉，江苏徐州）

6 散步的凤鸟（汉画像石，东汉，江苏徐州）

图5-43 凤鸟

图5-44 朱雀
一对朱雀昂首展翅,口衔连珠,东汉,现存于江苏徐州艺术馆。

图5-45 鹳鸟
(东汉,江苏徐州)
上部柿蒂纹代表四平八稳,下部有鱼,寓意平安有余。

瑞兽

图5-46 飞龙在天,云从龙(汉画像石,东汉,江苏徐州)

图5-47 青龙(汉画像石,东汉,江苏徐州)

图5-48 鸟首异兽(汉画像石,东汉,江苏徐州)

图5-49 天马(汉画像石,东汉,江苏徐州)

图5-50 翼马,封泥筒纹(西汉,现存于徐州博物馆)

图5-51 九头兽(汉画像石,东汉江苏徐州)

图5-52 天禄图(汉画像石,东汉江苏徐州)

上方凤鸟飞舞,中间翼龙奔腾,下方独角貔貅张口吞物。貔貅,又名天禄,天禄守财,意为俸禄永存。

图5-53 才华图(汉画像石,东汉,江苏徐州)

上方翼龙回首,中间翼龙飞腾,下方翼虎奔跃,整幅画面龙腾虎跃,藏龙卧虎,有自由驰骋、才华横溢之意。

图5-54 祥瑞图（汉画像石，东汉，江苏徐州）
　　上方一羽人骑羊，中间一凤凰口衔绶带，展翅欲飞，下方一翼龙，虬曲回首。凤凰吉祥鸟，羊与祥同义，画面充满祥和瑞气。

图5-55 平安图（汉画像石，东汉，江苏徐州）
　　上方翼龙回首，中间一人身兔首瑞兽手持一嘉禾作舞蹈状，兔子胆小，寓意出行平安。

参考文献

[1] 兰芳. 汉画像云气图的审美意蕴[J]. 徐州建筑职业技术学院学报, 2009, (4): 87-89.

[2] 格罗塞. 艺术的起源[M]. 北京: 商务印书馆, 1984.

[3] 周保平. 汉代吉祥画像研究[M]. 天津: 天津人民出版社, 2012.

[4] 顾颖. 汉画像祥瑞图式研究[D]. 苏州: 苏州大学, 2015.

[5] 辛旭龙. 汉画中的"泗水捞鼎"图像[D]. 南京: 南京艺术学院, 2012.

[6] 苑建中. 汉画像石藏石[M]. 香港: 中国文化出版社, 2009.

6 汉代其他造型艺术

雕塑、铜镜、礼器、饰物、印章（封泥）等是汉代造型艺术的重要组成部分，更精细地反映了汉代的艺术美及其蕴涵的文化精神。这些文化具象，可以应用于园林小品创作，体现地域特色文化意境，使传统汉文化与现代园林相结合，提高园林的内涵及园林景观整体效果。

6.1 雕塑

汉代雕塑造型简约、质朴稚拙而又开张扬厉，整体上阔大沉雄、刚健饱满奔放、节奏分明，体现了一种"席卷天下，包举宇内"的雄浑气魄，积极进取、蓬勃向上的乐观主义精神，大气磅礴的英雄主义和宏阔的文化精神。

6.1.1 瑞兽雕塑

瑞兽雕塑实质上是汉代祥瑞文化的另一种表现形式。徐州地区的瑞兽雕塑，有豹形石镇、熊型玉镇、铜豹镇、铜蟾蜍镇等。

6.1.2 汉俑

汉俑所反映的现实生活题材几乎无所不有，兵马俑、仪仗俑、乐舞俑、侍俑、家禽俑、家畜俑以及仙人骑羊俑、养马俑等生活场景大量出现。

汉俑以人物内在的气韵感觉与大的形体动态为表现的主体，不求秦俑的"逼真"，重在把握对物象的大的感觉，作品虽然体量偏小，然而其简约概括，动态夸张，艺术表现形式上追求宏大的气韵之美，令欣赏者觉得或大气磅礴，雄浑有力，或刚柔并济，轻盈飘逸。

6.2 铜镜

铜镜作为日常用品，在汉代进入发展的高峰期，不仅数量大、种类多，而且纹饰精美、铸造精良，具有很高的艺术价值和文物价值。其纹饰从主纹位于地纹之上、到地纹逐渐消失突出主纹的变化，以及铜镜铭文的普遍应用，是汉代铜镜的重要特点。根据纹饰形态，有动植物纹镜、几何纹镜、神话灵兽纹镜、铭文镜等几大类[1]。

动植物纹镜中植物与动物常一起出现，也有纯植物纹镜。动物纹有猴等；植物纹有草叶纹、花卉纹、柿蒂纹等。

几何纹镜以规则式的图案呈现，有连弧纹镜、规矩纹镜、星云纹镜和素面纹镜等。

神话灵兽镜表现神人、瑞兽等。常见有龙凤纹镜、虎纹镜、蟠螭（一种与龙有关的神兽）纹镜、蟠虺（一种盘曲的小蛇或毒螫之虫）纹镜、四神纹镜、神话故事镜（如西王母、东王公、羽人）等。

铭纹镜即含有铭文的铜镜，有一圈铭文、二圈铭文、铭文+几何纹等多种。铭文内容有吉语、祝词、纪年记事、闲情雅赋等，富有意趣。

6.3 礼器、饰物

6.3.1 玉器

玉石作为装饰品早在新石器时代就已出现，此后逐渐被赋予了深刻的政治、宗教和文化内涵，成为中华文明独有的礼仪与信仰的载体。徐州地区出土的汉代玉器，有礼仪用玉、殓葬用玉、装饰用玉、生活用玉等几大类别[2]。

礼仪用玉中，"六瑞"中仅见璧和璜，其他可称之礼器的有戈、豹、熊等。

殓葬用玉是全国出土数量最多、种类最齐、时代也较早的地区，有玉衣、玉棺、玉枕、玉握、九窍塞等5种。

装饰用玉数量、种类都较多，有摆饰、佩饰和剑饰三种。摆饰玉基本上都出土于楚王陵墓，数量最多的是玉龙，此外，还有"璋"形的玉饰等。佩饰玉常见的有心形玉佩、玉龙、小玉璧（环）、铺首及玉组佩。其中，玉组佩仅见于等级非常高的女性墓葬，一般由20件左右的小玉饰组成，包括玉舞人、玉觿、玉鸟、玉璜、玉珩、龙形佩、璜形佩等不同的类型及数量进行组合。剑饰中剑璏和剑珌在剑饰中较为常见，形制也变化多样。

生活用玉在汉代并不普遍，通常在等级较高的墓葬出土，有卮、高柄杯、耳杯、带钩等。

6.3.2 金器

徐州地区出土的汉代金器较多，多数出土于汉代楚国高等级墓葬中，可分为两类：

一类本身就是用黄金为材料制作的器物，如服饰用品金扣、带钩和文房印章；另一类是以黄金为装饰材料的其他器物，如用黄金作为漆器配件的金羊头、金鸟首、金兽首，或者用黄金制作成金钉、金丝、金箔用来穿缀玉衣或镶嵌玉枕，或者用鎏金或错金工艺制作的其他青铜器物[3]。

6.4 印章（封泥）

徐州西汉楚王墓出土玺印、封泥数量巨多，据不完全统计，有约5000方，类别上有官、私和肖形印，其中官印占极大比例。材质上主体为铜印，个别为铜鎏金，此外有金、银、玉、琉璃和封泥等。形制有方印、半通印、套印和六面印。印钮的钮式主要是：铜印为鼻钮或穿带，玉印为覆斗形钮，金银印为龟钮。印式方面既有铸印，也有凿印。字体主要是规范的缪印篆，也不乏装饰性较强的鸟虫书[4]。

6.5 其他

徐州地区出土的其他造型艺术品还有很多种类，如"牛头形青铜灯"、水晶带钩等，都各具特色。

雕塑

瑞兽雕塑

图6-1 彩绘陶鸟形壶 （战国，徐州吕梁凤冠山战国墓出土，现存于徐州博物馆[5]）

呈敛翅站立鸟形，鸟首前伸，尾翘起，双腿直立，鸟背部有圆形注水口。

图6-2 豹形石镇 （西汉，徐州狮子山楚王墓出土，现存于徐州博物馆[5]）

图6-3 熊形玉镇 （西汉，徐州北洞山楚王墓出土，现存于徐州博物馆[5]）

图6-4 铜豹镇 （西汉，徐州狮子山楚王墓出土，现存于徐州博物馆[5]）

图6-5 铜镇 （西汉，徐州后山西汉墓出土，现存于徐州博物馆[5]）

图6-6 抱鼓形祠堂画像石 （东汉，现存于徐州博物馆[5]）

汉俑

图6-7 彩绘陶背箭箙俑（西汉，徐州北洞山楚王墓出土，现存于徐州博物馆[5]）

弓箭手形象，但有些右胯绶带系墨书"郎中"或"中郎"印，是为楚王近侍。

图6-8 陶抚瑟女俑（西汉，徐州北洞山楚王墓出土，现存于徐州博物馆[5]）

俑发后挽垂髻，身着右衽曲裾深衣，跽坐姿。双臂曲肘前伸，左手抚弦，右手弹拨。

图6-9 陶塞袍女舞俑（西汉，徐州驮篮山楚王墓出土，现存于徐州博物馆[5]）

舞者身体前倾，左臂自然垂于体侧，右臂高举，衣袖飘垂，双腿微微前屈，似一个舞蹈结束后的定格动作，舞姿轻盈飘逸。

图6-10 陶绕襟衣舞俑（西汉，徐州驮篮山楚王墓出土，现存于徐州博物馆[5]）

舞俑着绕襟深衣，双臂甩袖向上，身体舞作"S"形，舞姿奔放强烈。在国内其他地区尚未发现。

铜镜

图6-11 重圈铭文铜镜 （西汉，徐州博物馆[5]）

铜镜背面有双圈铭文，内圈铭文为"清光平宜佳人清（精）易（锡）铜华以为镜昭察衣服观容貌"；外圈铭文"神而不（丕）德，得执而不衰，赫照折（晳）而侍君，妙皎光而耀美，挟佳都天承闲，憧欢盇（宁）而性享爱年"。

图6-12 半圆方枚式神兽铜镜 （东汉，徐州博物馆[5]）

铜镜背面外圈铭文"元兴元年十二月廿六日作明竟（镜）五□□吉□宝子子□百人"。

礼器、饰物

玉器

图6-13 S形龙玉佩 （西汉，徐州狮子山楚王墓出土，现存于徐州博物馆[5]）

仅见于西汉早期的王侯墓中。

图6-14 勾连云纹玉佩 （西汉，徐州狮子山楚王墓出土，现存于徐州博物馆[5]）

图6-15 蟠龙玉佩（西汉，徐州北洞山楚王墓出土，现存于徐州博物馆[5]）

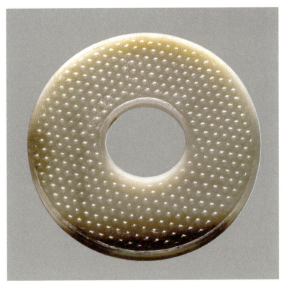

图6-16 谷纹白玉璧（西汉，徐州狮子山楚王墓出土，现存于徐州博物馆[5]）

玉佩正反两面透雕出蟠绕虬曲的六条螭龙，左上部一龙首张口瞠目伸出体外，正中一龙口即为穿孔，构思奇巧。

图6-17 蟠龙纹青玉璧（西汉，徐州狮子山楚王墓出土，现存于徐州博物馆[5]）

图6-18 出廓大玉璜（西汉，徐州狮子山楚王墓出土，现存于徐州博物馆[5]）

图6-19 龙凤纹玉璜（西汉，徐州狮子山楚王墓出土，现存于徐州博物馆[5]）

图6-20 蝉形玉佩（西汉，徐州狮子山楚王墓出土，现存于徐州博物馆[5]）

图6-21 龙形玉佩（西汉，徐州天奇山汉墓出土，现存于徐州博物馆[5]）

通体造型为圆雕腾龙，龙回首，足变形作卷羽。这种立体造型的腾龙，在汉代玉龙中非常少见，由于没有边框等束缚，整体造型更显劲健有力。

图6-22 龙凤獏纹玉环（西汉，徐州东洞山楚王墓出土，现存于徐州博物馆[5]）

环身以流云纹相互缠绕，透雕一獏、一凤、一龙及卷云纹。

图6-23 雷纹玉环（西汉，徐州狮子山楚王墓出土，现存于徐州博物馆[5]）

图6-24 双龙纹玉佩（西汉，徐州狮子山楚王墓出土，现存于徐州博物馆[5]）

图6-25 出廓璜形玉佩（西汉，徐州狮子山楚王墓出土，现存于徐州博物馆[5]）

图6-26 蟠龙纹璜形玉佩（西汉，徐州苏山头汉墓出土，现存于徐州博物馆[5]）

图6-27 出廓龙首玉珩（西汉，徐州陶家山汉墓出土，现存于徐州博物馆[5]）

图6-28 龙形玉觽（西汉，徐州狮子山楚王墓出土，现存于徐州博物馆[5]）

图6-29 韘形玉佩（西汉，徐州东洞山楚王墓出土，现存于徐州博物馆[5]）

图6-30 玉环（西汉，徐州骆驼山东29号汉墓出土，现存于徐州博物馆[5]）

图6-31 铺首形玉佩（西汉，徐州火山刘和汉墓出土，现存于徐州博物馆[5]）

铺首正反面均雕刻纹饰，此类玉佩饰在汉代玉器中较为少见。

图6-32 虎头形玉枕（西汉，徐州狮子山楚王墓出土，现存于徐州博物馆[5]）

图6-33 双龙首玉带钩（西汉，徐州狮子山楚王墓出土，现存于徐州博物馆[5]）

图6-34 雕塑勾连纹玉卮（西汉，徐州狮子山楚王墓出土，现存于徐州博物馆[5]）

整玉制作，通体雕刻纹饰。玉卮是汉代皇室贵族最喜爱的酒器，多在重要场合使用。

金器

图6-35 猛兽捕猎(金带扣)(西汉,徐州狮子山楚王墓出土,现存于徐州博物馆[5])
画面主体为猛兽咬斗场面,一只熊与一只猛兽双目圆睁,利爪遒劲有力,按住被捕获者,在贪婪地撕咬,被撕咬者应是偶蹄类动物,似是一匹马,身躯匍匐倒下,后肢扭曲,反转挣扎,一兽的利齿紧紧咬住它的脖颈,熊则在撕咬它的后肢。主体纹饰的周边为勾喙鸟首纹。

图6-36 群羊(金带扣)(西汉,徐州簸箕山宛朐侯刘埶墓出土,现存于徐州博物馆[5])
写意的二十只动物头部,象征佩戴者的身份差异。

图6-37 三羊开泰（金带扣）（西汉，徐州后楼山6号墓出土，现存于徐州博物馆[5]）

图6-38 金羊头（西汉，徐州狮子山楚王墓出土，现存于徐州博物馆[5]）

6 汉代其他造型艺术　195

图6-39　金鸟首（西汉，徐州狮子山楚王墓出土，现存于徐州博物馆[5]）

图6-40　金兽首（西汉，徐州狮子山楚王墓出土，现存于徐州博物馆[5]）

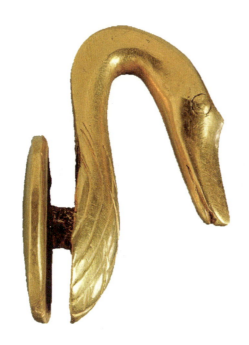 

图6-41 鹅首形金带钩（西汉，徐州北洞山楚王墓出土，现存于徐州博物馆[5]）

图6-42 水禽形金带钩（西汉，徐州北洞山楚王墓出土，现存于徐州博物馆[5]）

印章（封泥）

图6-43 楚王刘注印（西汉，龟山楚襄王刘注墓出土，现存于徐州博物馆[5]）

印台方形、龟钮，边长2.1cm，通高1.7cm，印台厚0.7cm，钮高1cm，重39g。龟昂首，四足挺立状，背甲和腹甲刻有纹饰，龟首及龟爪表现生动，眼睛和鼻子雕刻精致，腹下镂空。印台边角微残，周壁略有锈凹点。印有阴刻小篆体"刘注"二字，字体浑厚古朴，疏密有度。该印为刘注私印。

图6-44 "刘慎"鸟虫书履斗钮玉印（西汉，徐州黑头山汉墓出土，现存于徐州博物馆[5]）

图6-45 "□□之玺"篆书兽钮银印（西汉，徐州博物馆[5]）

图6-46 "薛毋伤"桥斗钮银印（西汉，徐州博物馆[5]）

图6-47 文字纹"刘婞·妾婞"双面穿带玉印（西汉，徐州博物馆[5]）

其他

图6-48 雕塑，鎏金铜钫 （西汉，徐州狮子山楚王墓出土，现存于徐州博物馆[5]）

参考文献

[1] 田英. 汉代铜镜纹饰的分类 [J]. 文物天地, 2016, (2): 84-88.

[2] 田芝梅. 徐州出土汉墓玉器的分类 [J]. 东南文化, 2008, (1): 66-70.

[3] 赵敏. 徐州考古发现的汉代金器 [J]. 文物天地, 2019, (5): 67-72.

[4] 曹琳. 徐州出土汉印艺术研究 [D]. 郑州：河南大学, 2045.

[5] 徐州博物馆. 古彭遗珍 [M]. 北京. 国家图书馆出版社. 2011.